第六章
舊友重逢　107

第七章
節外生枝　127

第八章
出發，前往風暴角　157

第九章
不速之客　193

第十章
雷歐滿血復活　211

賽雷是一種生活在遙遠星系的生命體，他們的起源是個謎。

在地球許多地方，科學家們都曾發現過他們的蹤跡……

印度

埃及

馬雅文明

馬雅人的寵物

北美

這顆奇形怪狀的恐龍蛋竟然保存得如此完好。

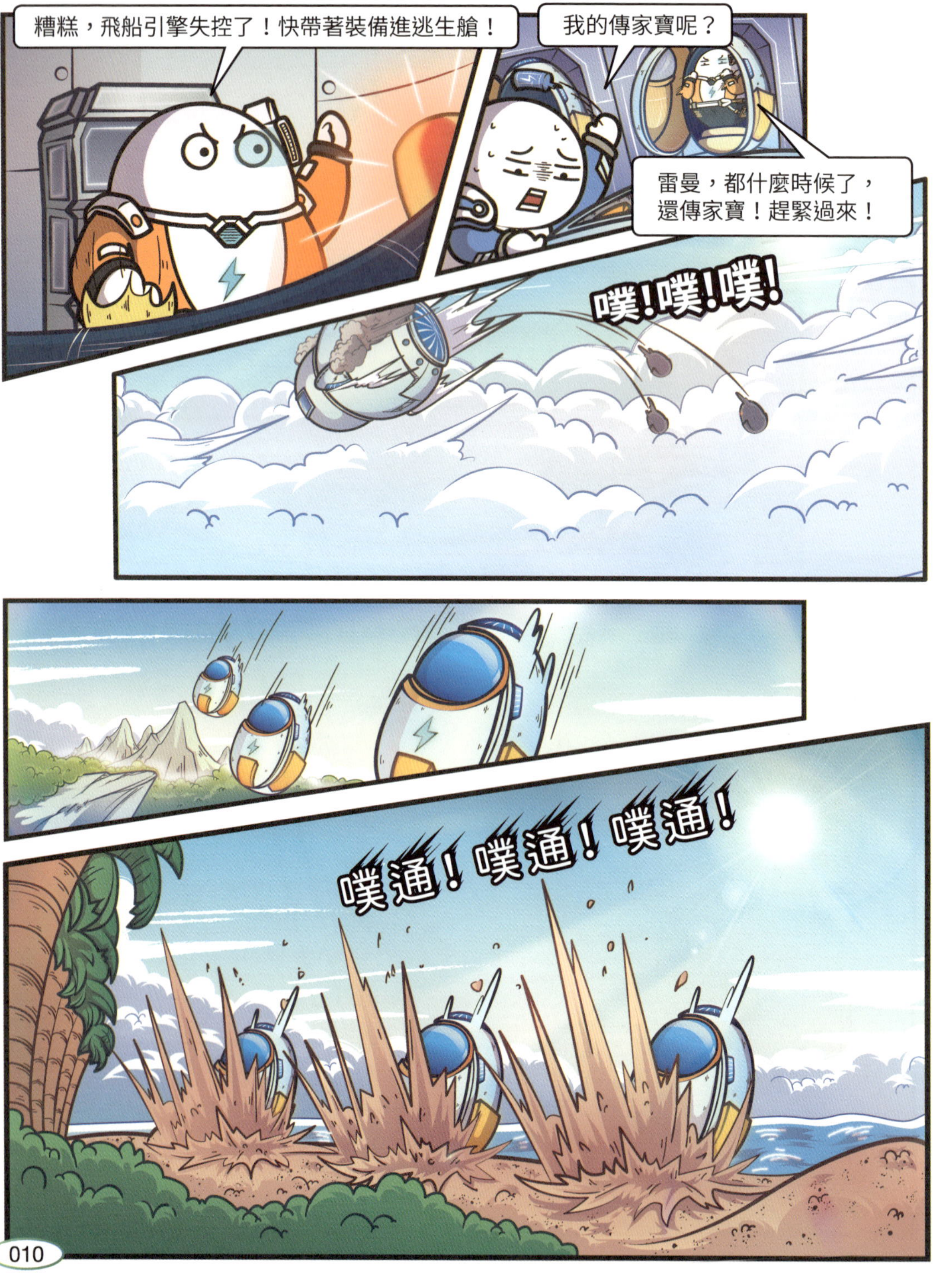
糟糕，飛船引擎失控了！快帶著裝備進逃生艙！
我的傳家寶呢？
雷曼，都什麼時候了，
還傳家寶！趕緊過來！
噗！噗！噗！
噗通！噗通！噗通！

嘩啦啦！！！

哇！好大的青蛙啊！

這個時候我們是不是該先跑……

那邊有什麼東西？！

別在那邊裝神弄鬼了！把手放開，你影響我探測了！

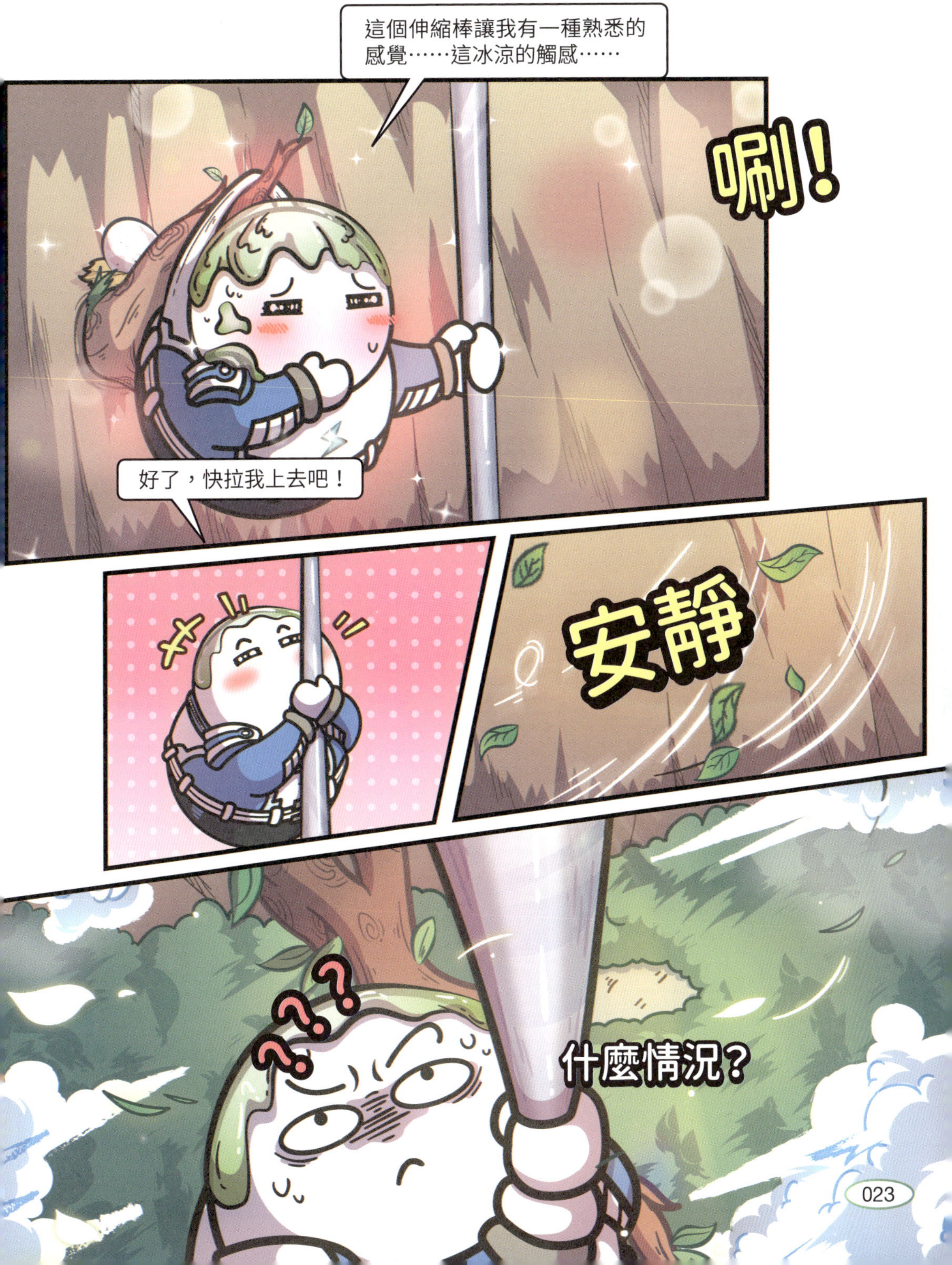

這個伸縮棒讓我有一種熟悉的感覺……這冰涼的觸感……
唰！
好了，快拉我上去吧！
安靜
什麼情況？

快把他拉上來啊，怎麼不動了？

唉……

這個嘛……在製作這個道具的時候，本著一次性使用的想法，我就……就沒做收回鍵。

！！！

什麼？！

傻眼……

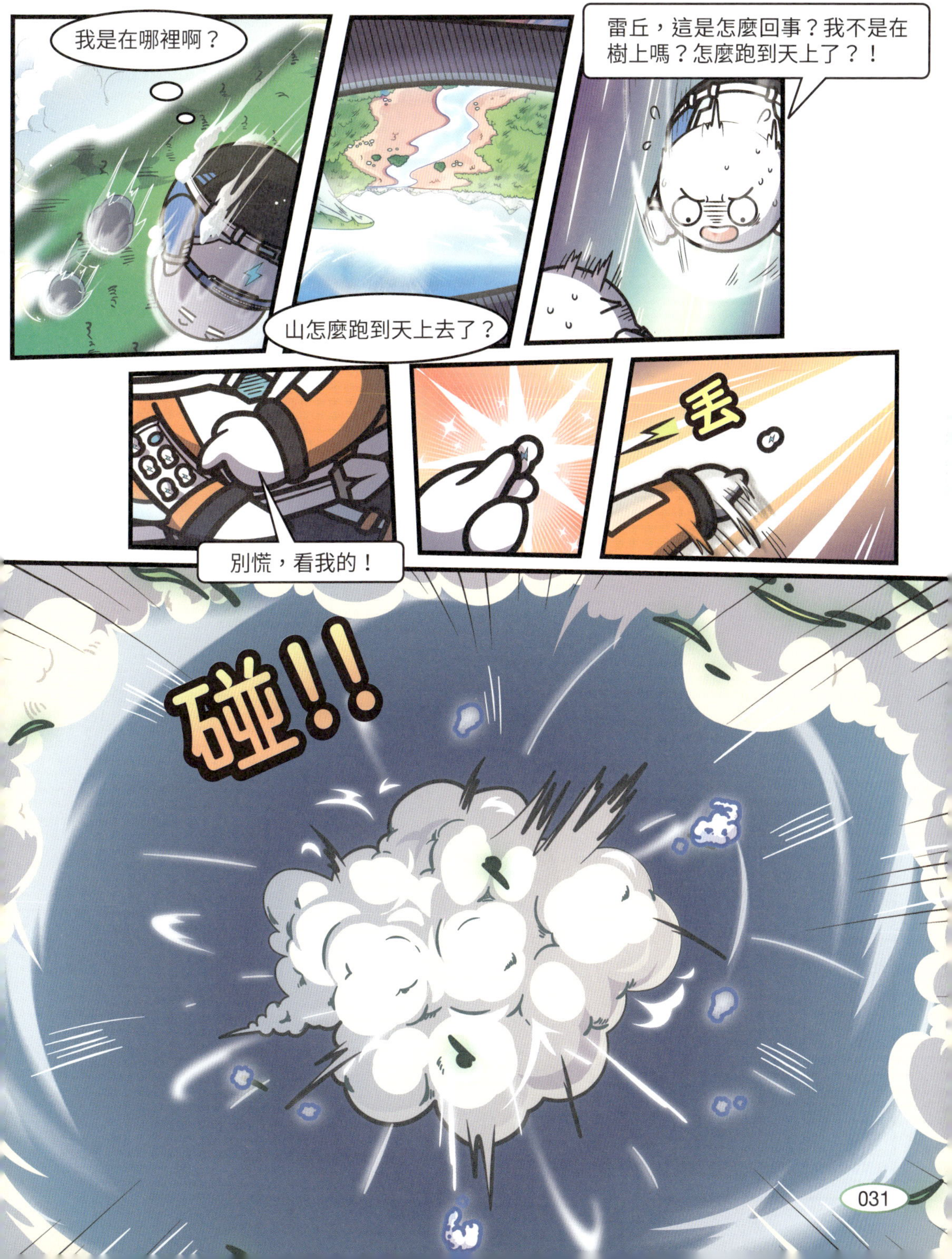
我是在哪裡啊？
山怎麼跑到天上去了？
雷丘，這是怎麼回事？我不是在樹上嗎？怎麼跑到天上了？！
別慌，看我的！
丟
碰！！

哈哈哈哈，我的得意之作怎麼樣？

噴氣式滑翔翼！

嗯？

看那邊！我們在那條小溪邊降落吧！

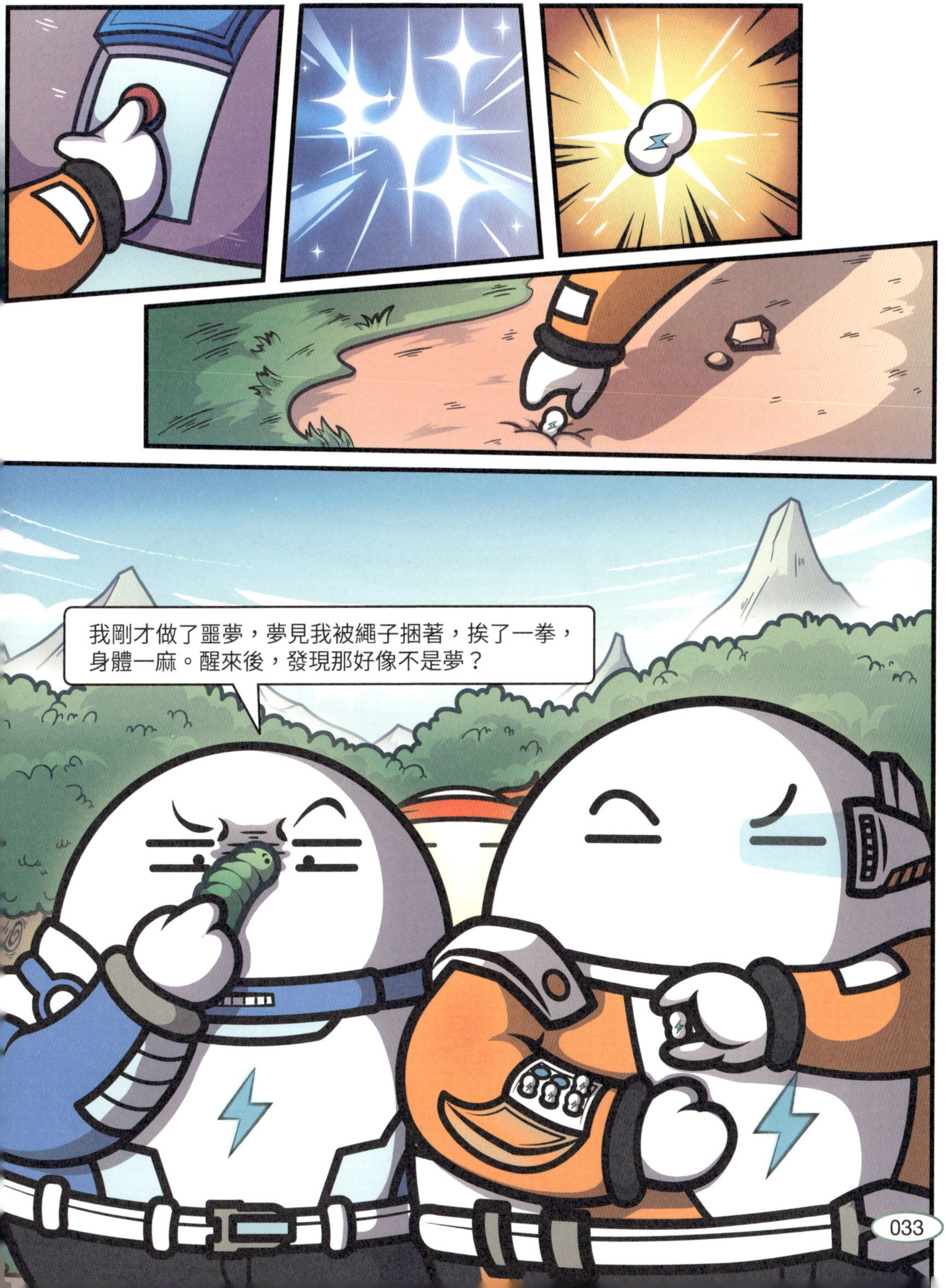
我剛才做了噩夢，夢見我被繩子捆著，挨了一拳，身體一麻。醒來後，發現那好像不是夢？

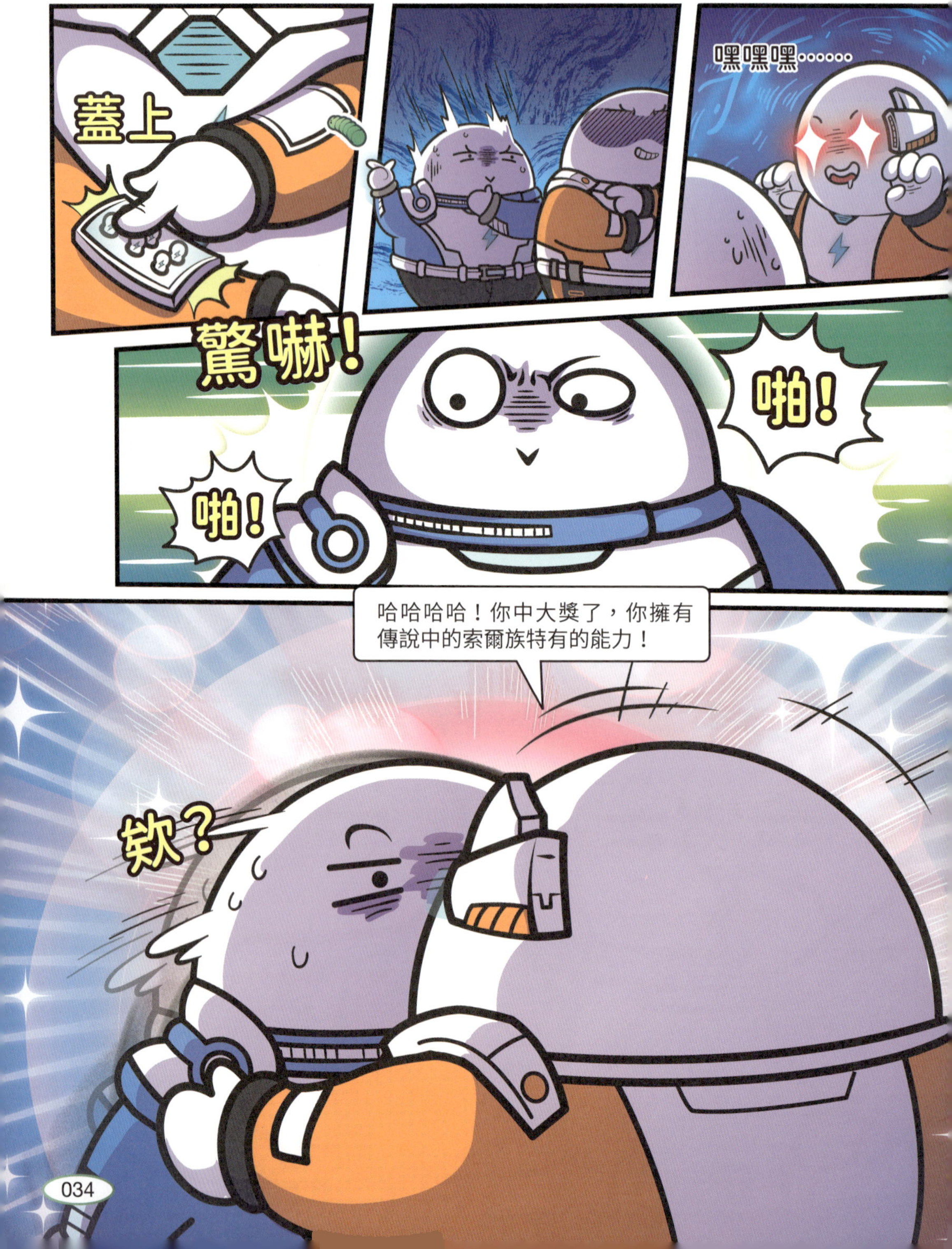
蓋上
嘿嘿嘿……
驚嚇！
啪！
啪！
哈哈哈哈！你中大獎了，你擁有傳說中的索爾族特有的能力！
欸？

?!

雷……雷丘……你後面！

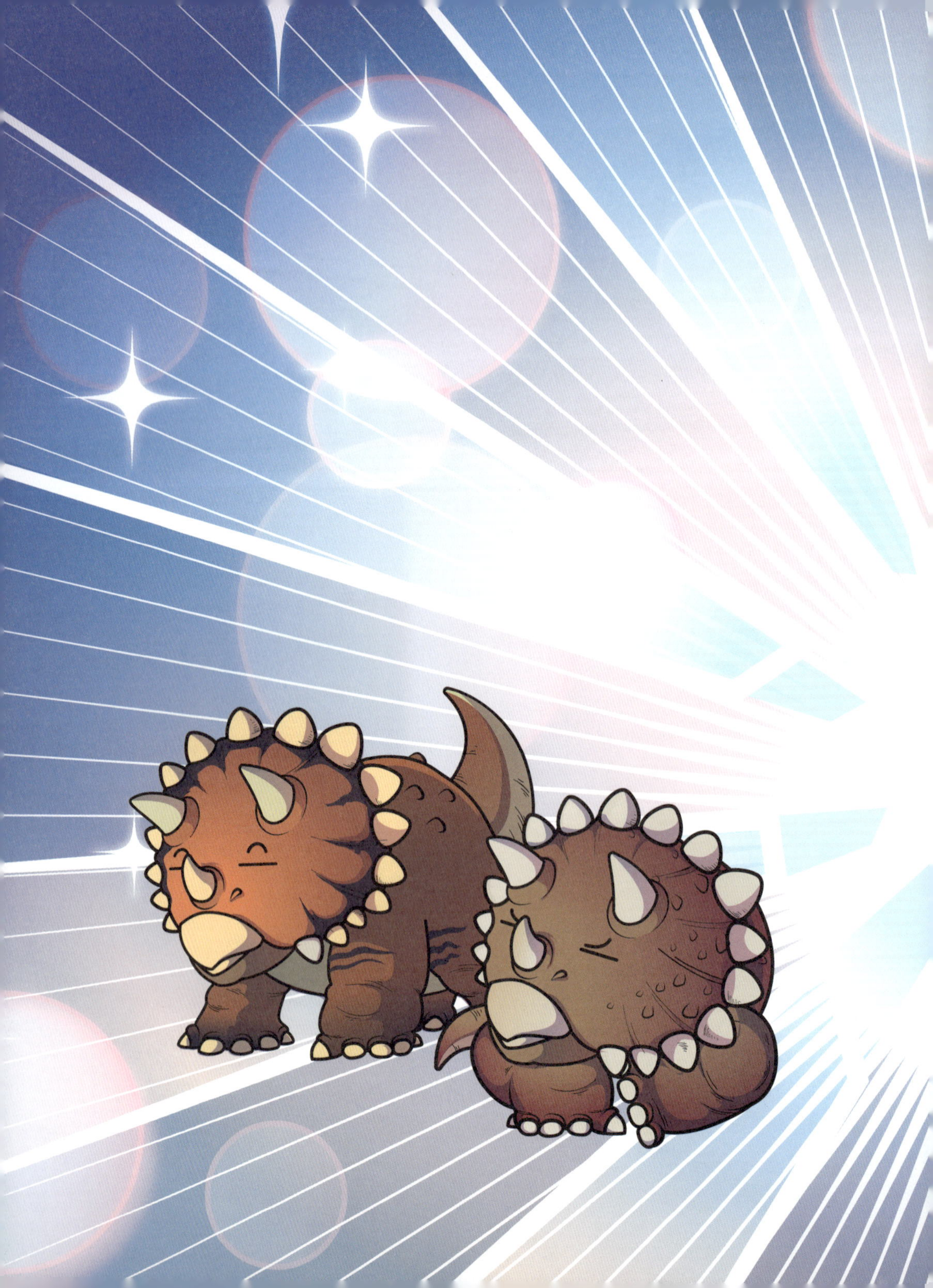

第三章
新的夥伴

038

好可怕！這是什麼怪物？！

講……講話了？

我怎麼覺得他們在罵我們呢？

老子最恨別人說我醜了！！

年輕人不要那麼衝動。

嗖!!

碰

自動翻譯晶片

通過感應說話者的腦電波來翻譯說話內容，同時自己說的話也會被翻譯成對方聽得懂的語言。就算是從來沒有聽過的語言，也完全沒有問題。

快看！那裡有三顆蛋，你們覺得是什麼龍的蛋？

那些蛋的頭上有腫起來，應該是腫頭龍的蛋吧。

中間那顆蛋好像不太聰明的樣子。

不管這幾個怪物是什麼東西，他們對我們的誤解好像滿深的……

讓我來教訓他們幾個！

冷靜，冷靜！我來和他們聊聊。

喀喀！
整理
咔
你們好，外星生物，我們是來自賽雷星的賽雷！
我叫雷丘，這兩位是雷曼和雷歐。
別亂指啊，我們不認識你……（碎碎念）
所以你們不是本地物種？那你們來地球幹嘛？
我們的星球能源就快用完了，我們必須到別的星球上來尋找新能源。
悄悄溜走

太好了！

原來如此。我叫西蒙，這兩位是我的好朋友，東尼和南斯，我們是生活在地球上的三角龍。有什麼需要我們幫忙的，儘管說。

我們需要一種叫「雷電」的能源，你們知道嗎？

？？？　？？？　？？？

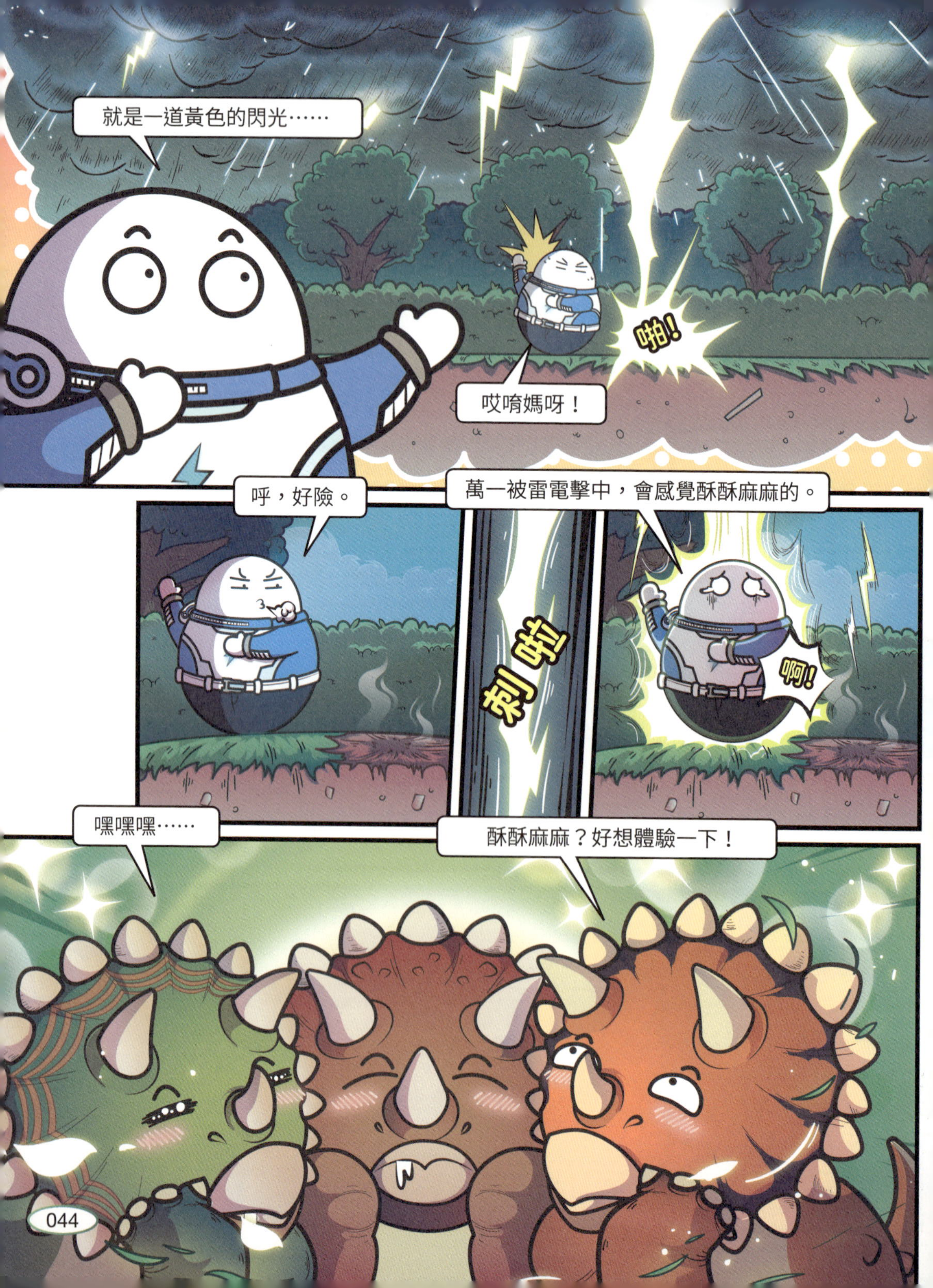

就是一道黃色的閃光……
啪！
哎唷媽呀！
呼，好險。
刺啦
萬一被雷電擊中，會感覺酥酥麻麻的。
啊！
嘿嘿嘿……
酥酥麻麻？好想體驗一下！

我覺得你們可能有點誤會……

這是一種不太舒服的感覺!

好了雷曼,你越解釋他們就想的越歪。

沒關係,從你們星球的整個生態環境來看,我覺得這裡很可能會有我們需要的能源。

對了！
好吧，那我們幫你們一起找吧！
我們剛才被一隻有翅膀的傢伙抓到空中去了，那傢伙是什麼東西？
別哪壺不開提哪壺啊……
你說的是無齒翼龍吧？

我覺得他的飛行系統很先進，很值得學習！

無齒翼龍在這裡很常見，但一般來說，他們不會攻擊我們……

???

你們碰到的那隻把你們當成蛋了。

不過,這裡確實有比較可怕的生物,會把我們吃掉。

是什麼生物?

說來話長,我很難簡單跟你解釋。

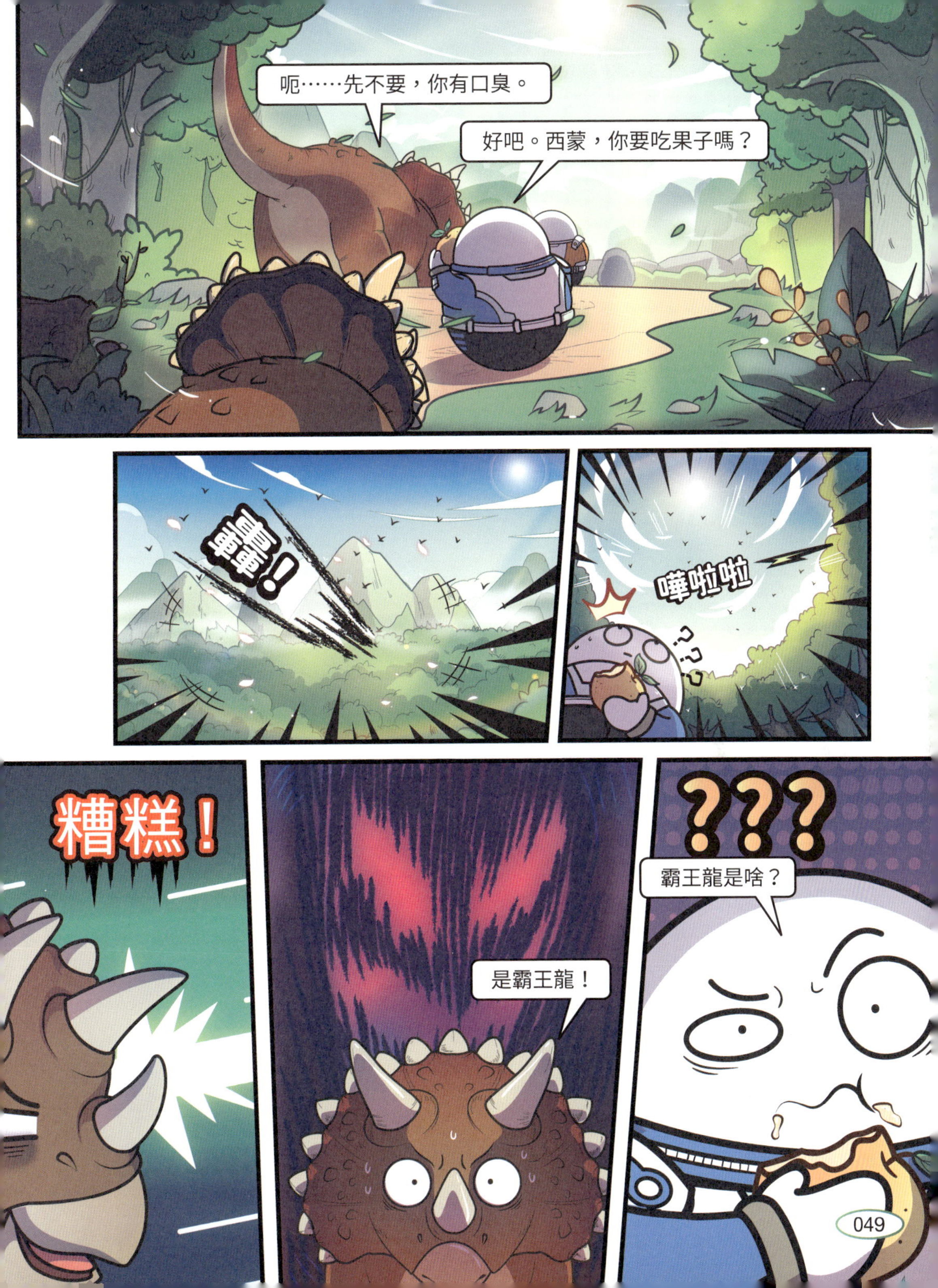

呃……先不要，你有口臭。
好吧。西蒙，你要吃果子嗎？
嘩啦啦
糟糕！
是霸王龍！
???
霸王龍是啥？

轟轟！

啪！

嗷！

嗷！
嗷！
嗷！

這就是會把我們吃掉的可怕生物。

051

賽雷小講堂
三角龍

研究表示,三角龍的頭盾和腳很可能具有防禦和吸引異性的功能。

三角龍的上下頜兩側各有 3～5 列牙齒群,每列有 36～40 顆牙齒,總共有 432～800 顆牙齒。

三角龍體長約 9 公尺,高約 3 公尺,體重約 6～12 噸。

三角龍身體結實,四肢強壯,前腳掌有 5 個腳趾,後腳掌有 4 個腳趾。

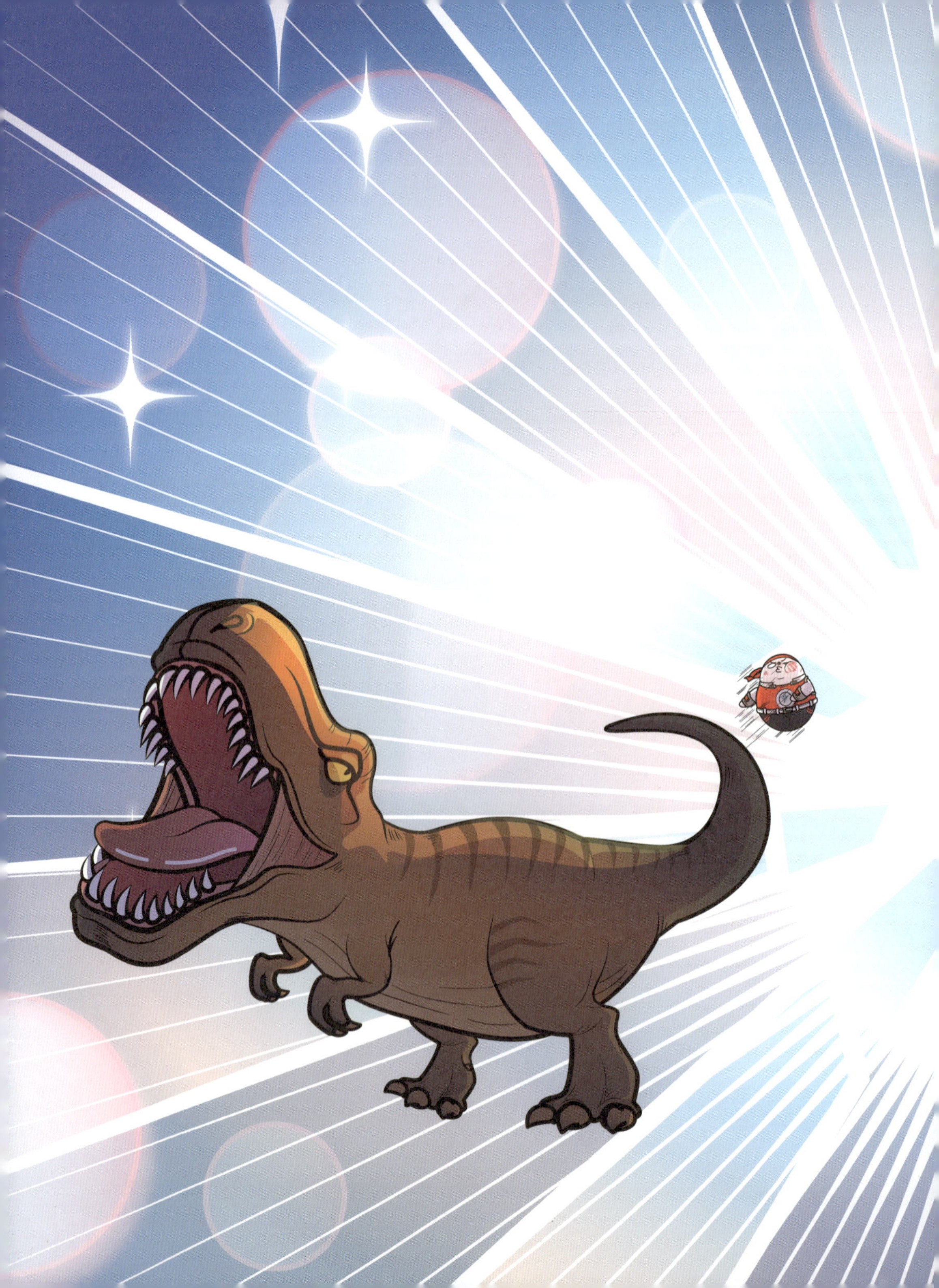

第四章
恐怖的霸王龍

嗷！嗷！

糟了！他發現我們了！

驚 驚 驚

天呀！他朝我們衝過來了！

快！騎到我們背上來！

霸王龍是這裡最大的食肉恐龍，只要被他抓住，就會被吃掉！

這霸王龍到底是什麼生物？

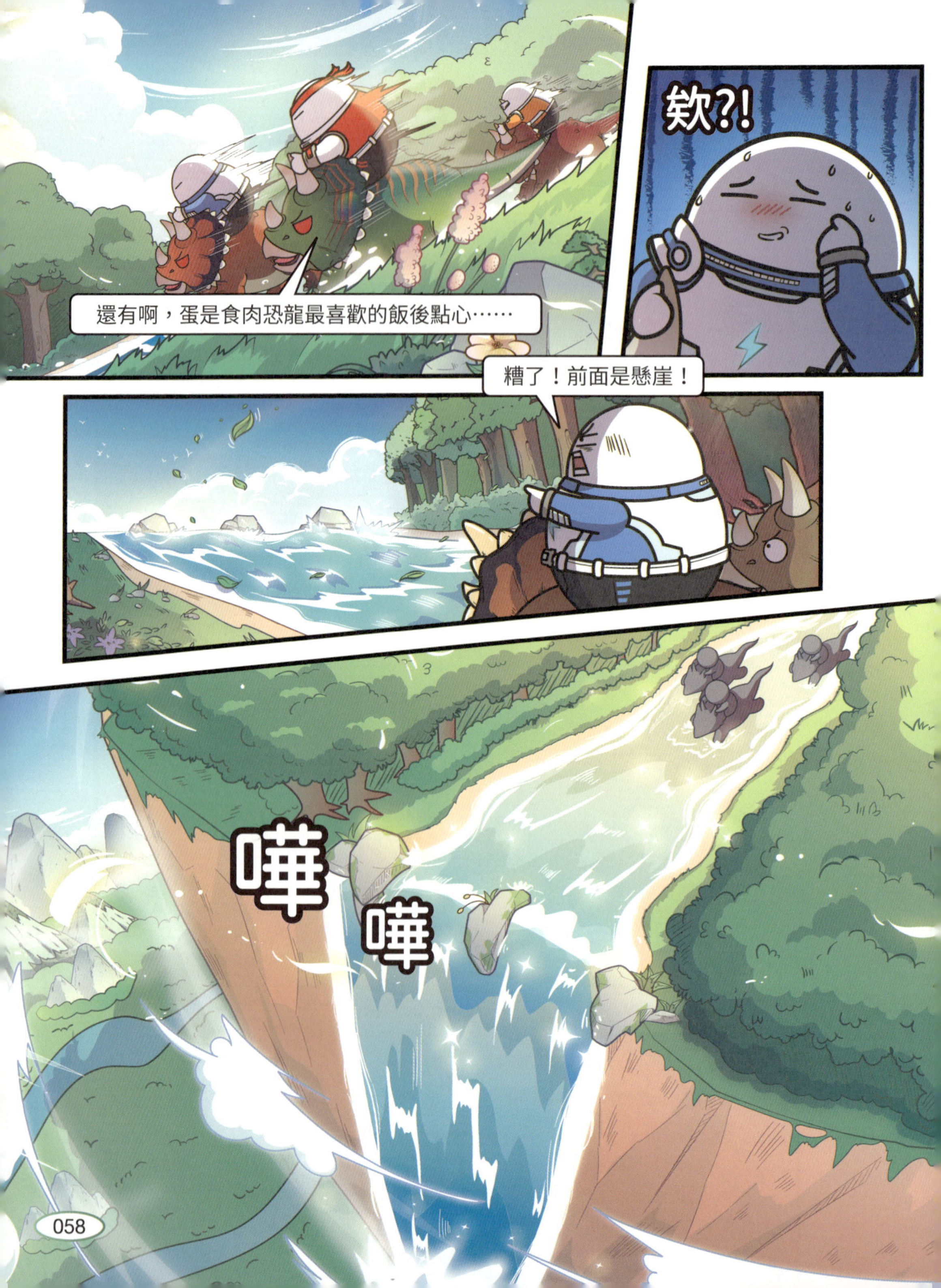
還有啊，蛋是食肉恐龍最喜歡的飯後點心……
欸?!
糟了！前面是懸崖！
嘩
嘩

咚咚!!

霸王龍已經逼近了!

哼!

真的是……

豈有此理!我跟這個大塊頭拼了!

雷歐，你別衝動，我來想辦法！

讓我找找看是哪個雷囊。

咚！

啪！

嘿嘿嘿

大塊頭！你要是敢過來，我就對你不客氣！

行了，別找了，看我的！

……#*？&！%*#）！$——

我好餓啊！我要吃三角龍！

三角龍是我們的朋友！

我不會讓你傷害他們一根汗毛的！

轟!!

啊啊呀

讓你嘗嘗本大爺的厲害!

噗

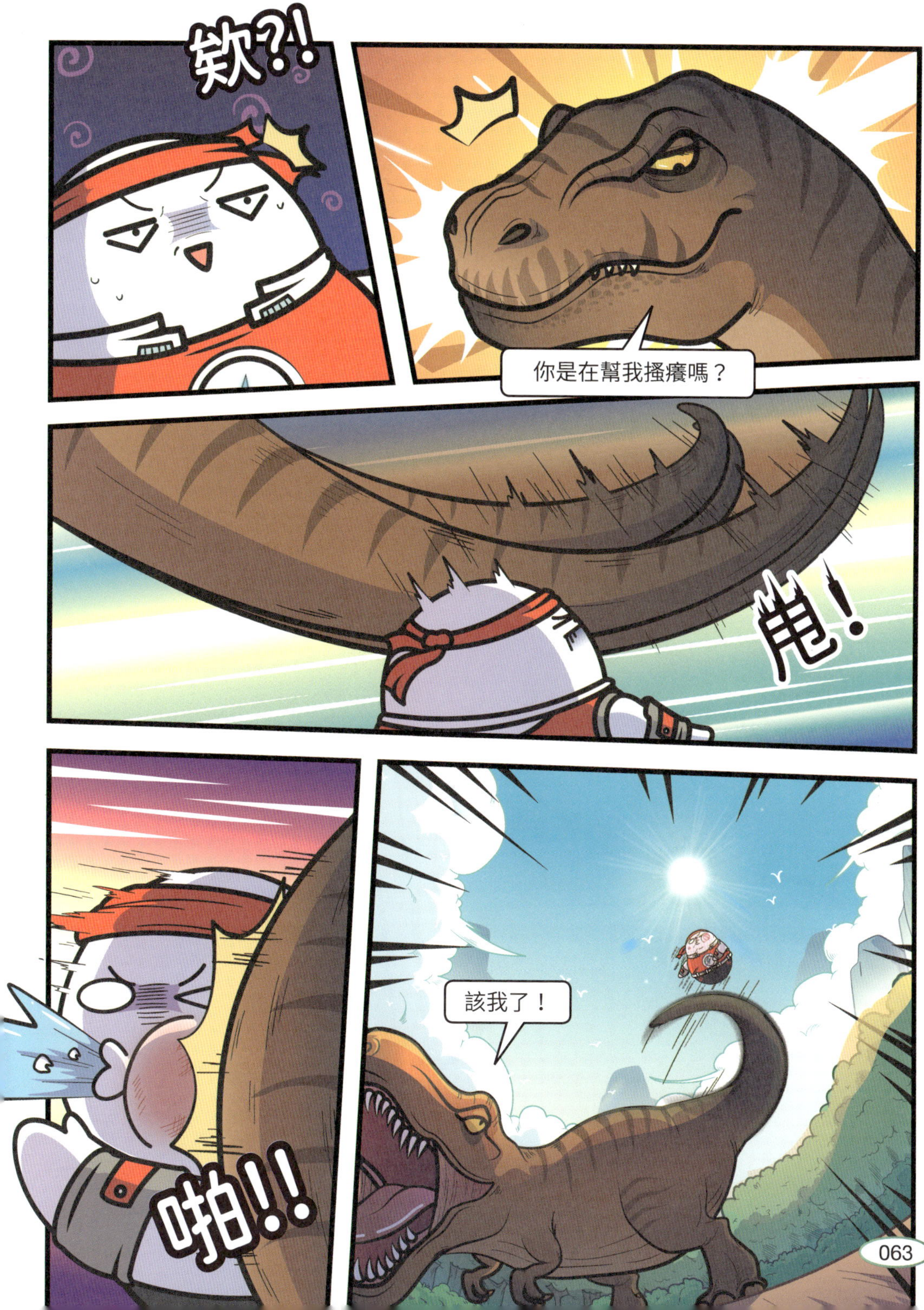
欸?!
你是在幫我搔癢嗎？
甩!
啪!!
該我了！

雷歐！

唰

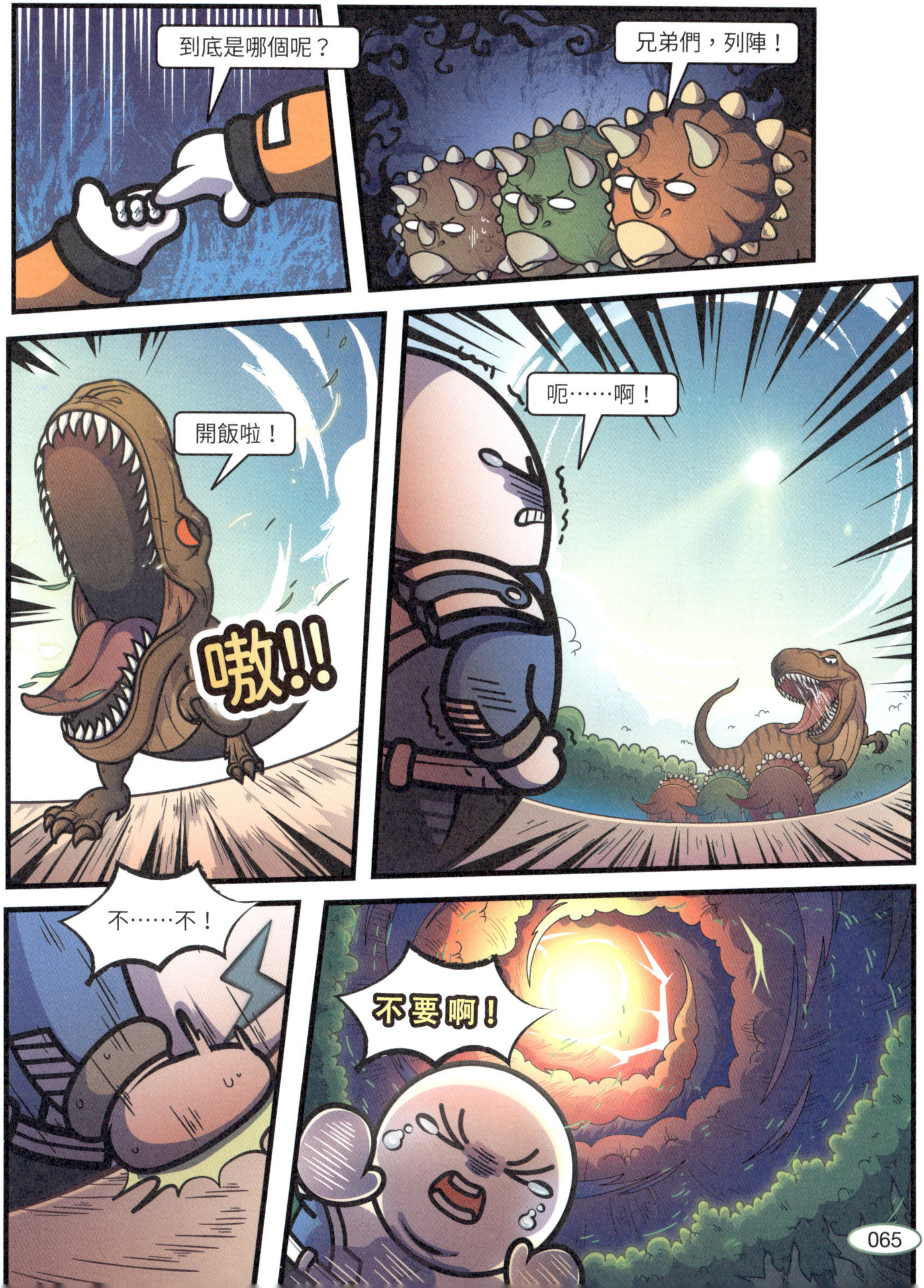
到底是哪個呢？
兄弟們，列陣！
開飯啦！
嗷!!!
呃……啊！
不……不！
不要啊！

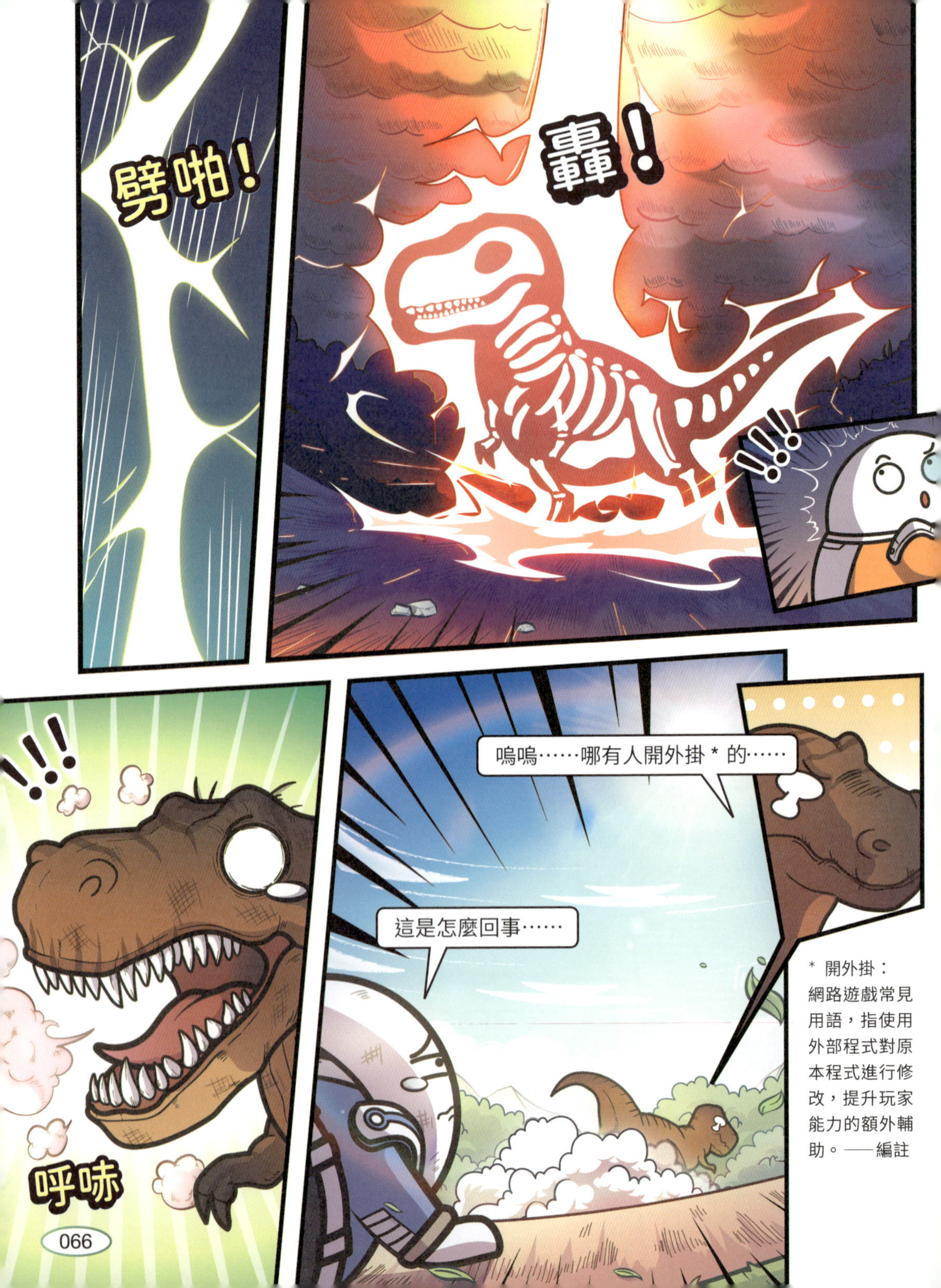

＊ 開外掛：網路遊戲常見用語，指使用外部程式對原本程式進行修改，提升玩家能力的額外輔助。——編註

走,快去看看!說不定雷歐卡在樹上!

吞口水

這也太高了吧……

嘩

嘩

剛才是怎麼回事？
你說剛才啊……
扶我一下……我腳麻了……
雷曼是索爾族賽雷星人，在感到害怕的時候，他會觸發雷電，攻擊使他害怕的東西。而雷電就是賽雷星的主要能源，但我們的星球已經無法形成雷電了。
原來那就是雷電。在我們這裡，通常只有下雨天會有雷電。
真的嗎？那我們的星球有救了！
確實有這個可能，不過當務之急是要找到雷歐。

西蒙，瀑布下面是什麼？

這你可問對龍了，這條瀑布下面就是地獄溪。要說這地獄溪……

地獄溪附近生活著各式各樣的恐龍，有三角龍和我們剛才遇到的霸王龍，還有埃德蒙頓龍、甲龍等等。沿著地獄溪一直往前走，就會來到大海。傳說，大海裡面也生活著像霸王龍一樣可怕的生物——滄龍。

069

等等！

像霸王龍一樣可怕？而且生活在水裡……

該不會長這樣？

雷曼，你……噁！快停止你的想像！

我明白了！

西蒙、東尼、南斯，謝謝你們的幫助，現在是時候說再見了，我和雷曼要去尋找雷歐了。

瀑布那麼高，你們要怎麼下去？

放心吧！

我可以……

轟!!!

用這個！

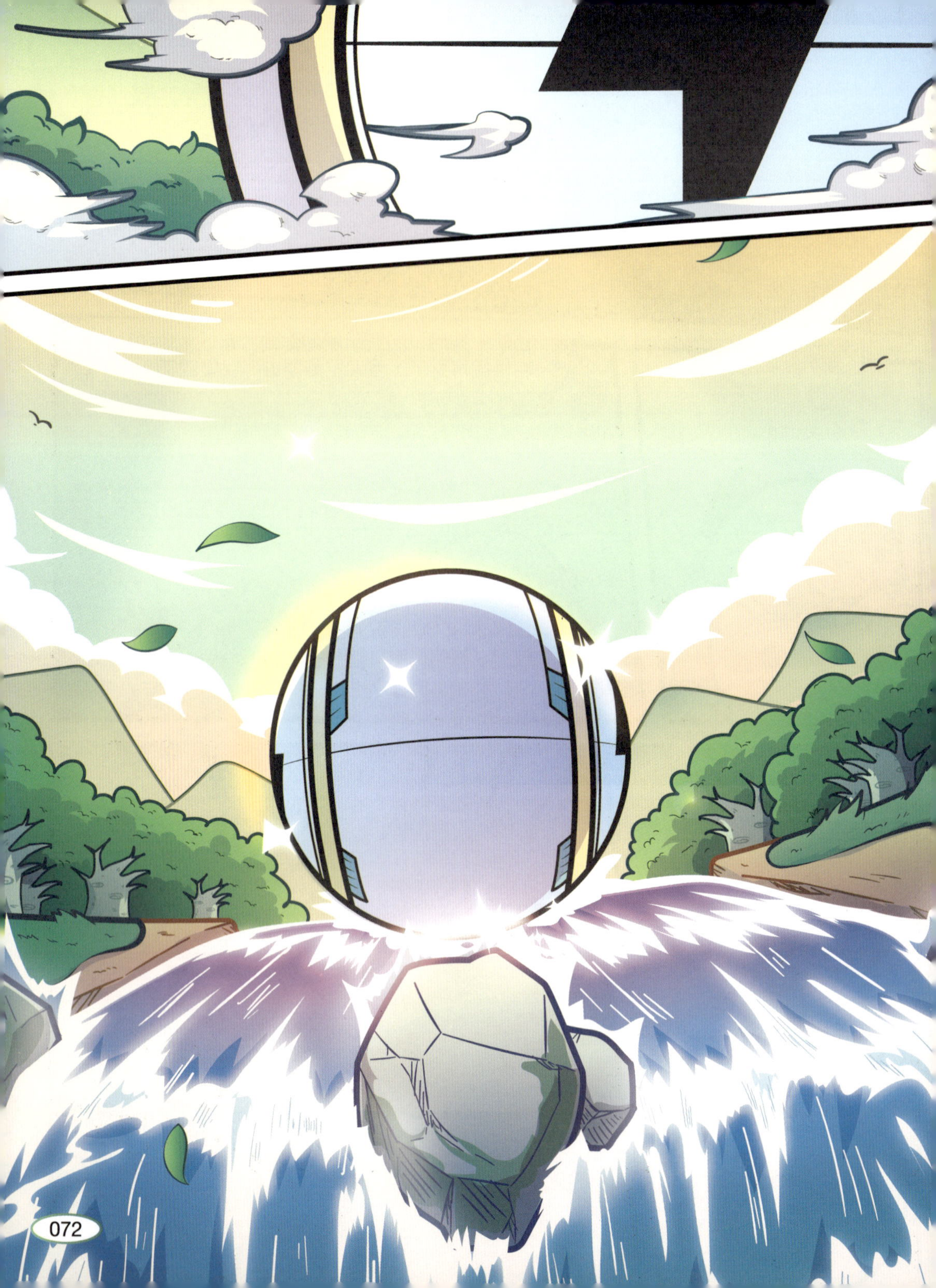

這是顆球?

這不是球,這是萬向船,我們可以開著它去找雷歐。

雷歐也是因為想救我們,才會被霸王龍甩下瀑布的。所以,請讓我們也一起加入吧!

夠義氣!

謝謝你,西蒙,但是我們的船應該裝不下你們……

啪!

你看,你們的尾巴會露在外面。

……
確實。
好吧，那看來我們要說再見了！
雷丘！這個紅色按鈕是什麼功能？
什麼紅色按鈕？紅色按鈕？！紅色按鈕是啟動鍵啊，千萬別按！

嗡

混蛋，我還沒上去呢！

看我上去怎麼收拾你！

雷丘，我們打個商量，別打臉行不行啊？

呼！

啊！

啊！

075

賽雷小講堂
霸王龍

霸王龍是一種大型食肉恐龍，身長 12～15 公尺，體重 6～8 噸。

目前考古發現最完整的霸王龍化石是霸王龍「蘇」(Sue)，其完整度超過 90%。

霸王龍的眼睛朝向前方，雙眼的視覺重疊區域比較大，這使得霸王龍具有極佳的立體視覺。

霸王龍的牙齒呈圓錐狀，形似香蕉，適合壓碎骨頭。而絕大部分食肉恐龍的牙齒則用於穿刺和切割。

霸王龍的前肢非常短小，長度只有後肢長度的 22%，相當於成年人一隻手臂的長度。

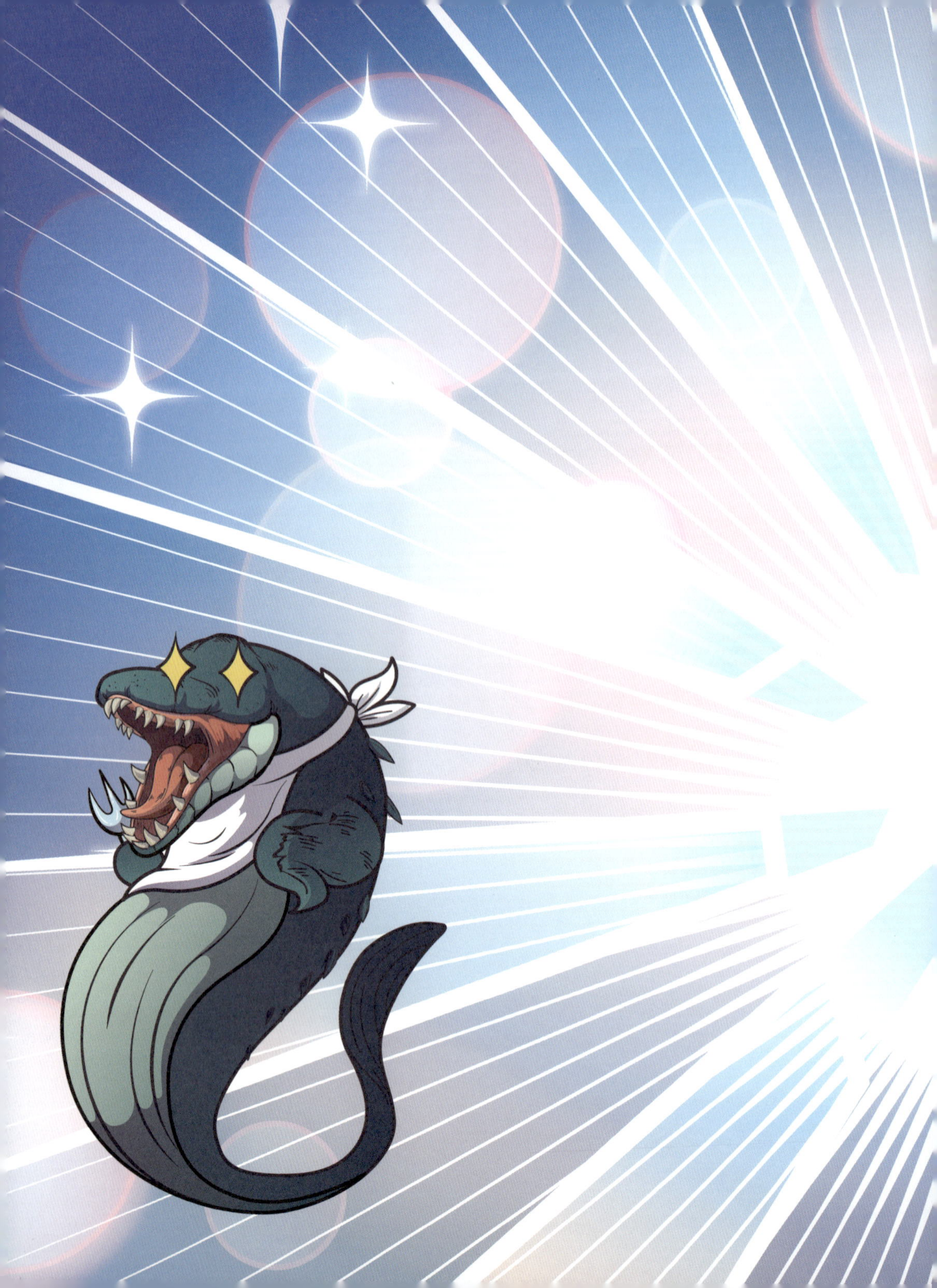

第五章
海中霸主

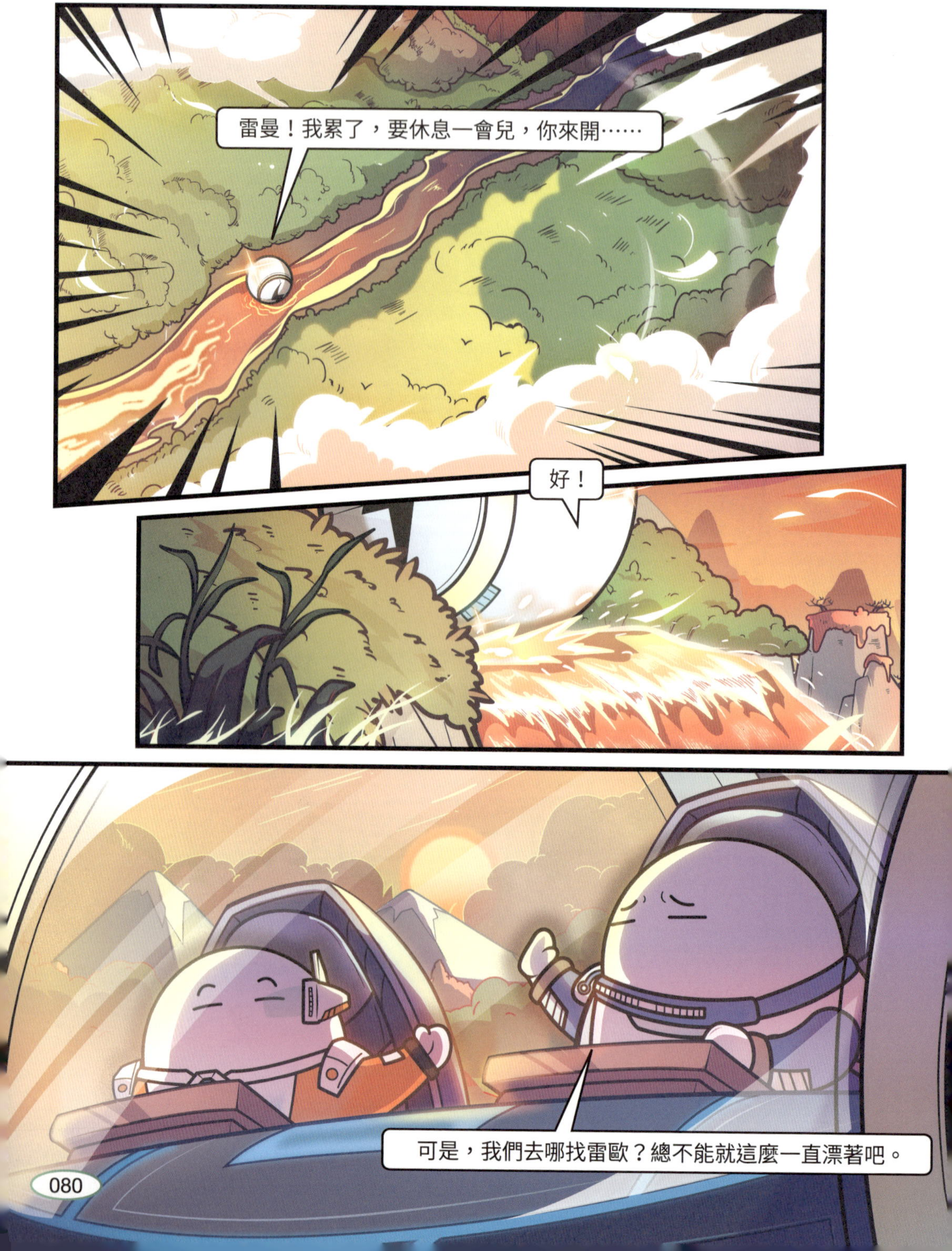
雷曼！我累了，要休息一會兒，你來開……
好！
可是，我們去哪找雷歐？總不能就這麼一直漂著吧。

緊張什麼！有我在呢，好好開船！
嗯？雷丘，你在找什麼？
我在跟你說話呢！
你別忘了，我們可是有雷囊。
等等，這東西不是要原地爆炸才能
打開嗎？你該不會想在船裡……
吸
看好囉！

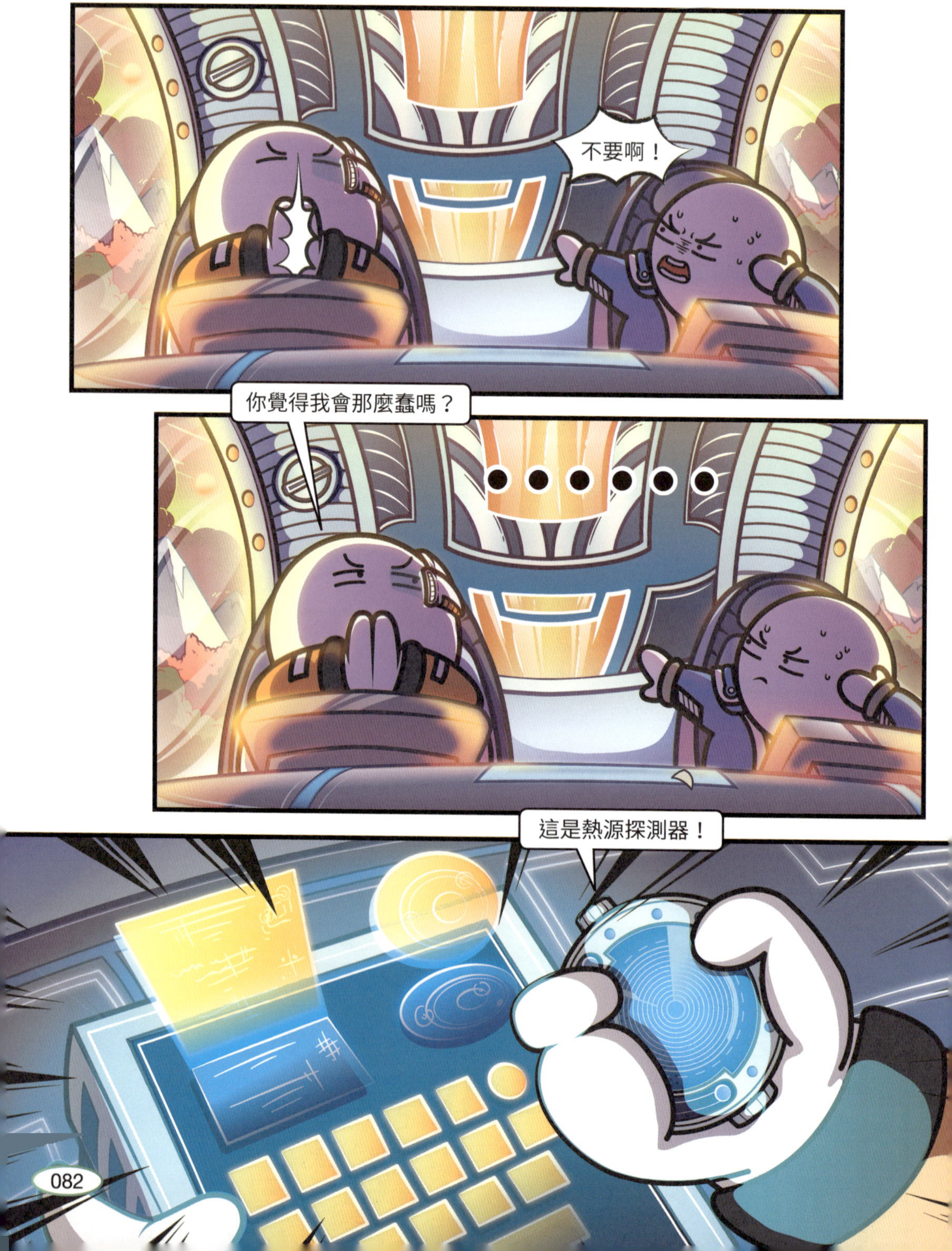
不要啊！
你覺得我會那麼蠢嗎？
……
這是熱源探測器！

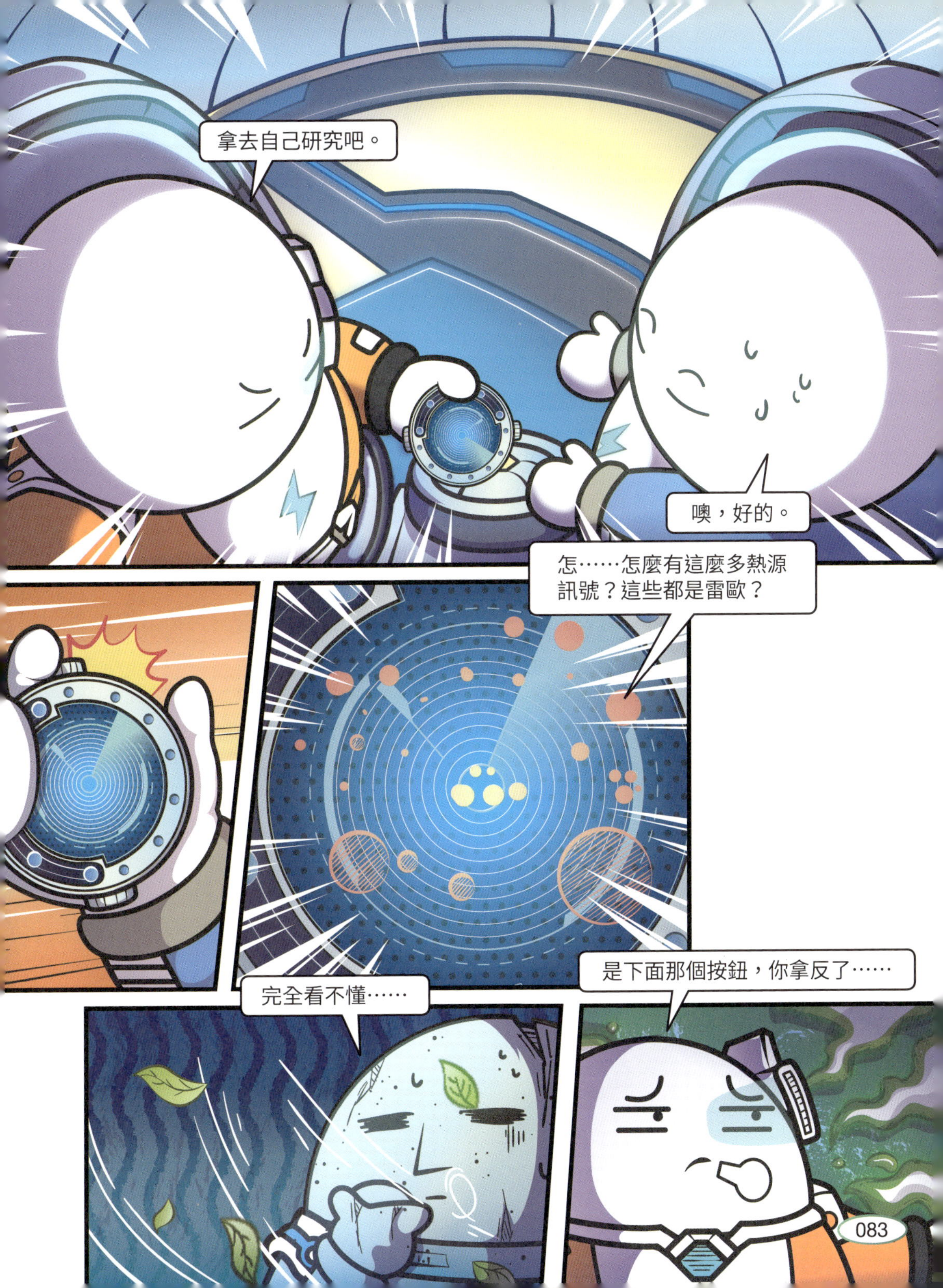
拿去自己研究吧。
噢，好的。
怎……怎麼有這麼多熱源訊號？這些都是雷歐？
是下面那個按鈕，你拿反了……
完全看不懂……

只剩下我們兩個熱源了。

那就對了。如果雷歐在附近，我們會感應到的。

既然他不在這裡，我們就向大海航行吧！

嘩啦！

探測器有反應！

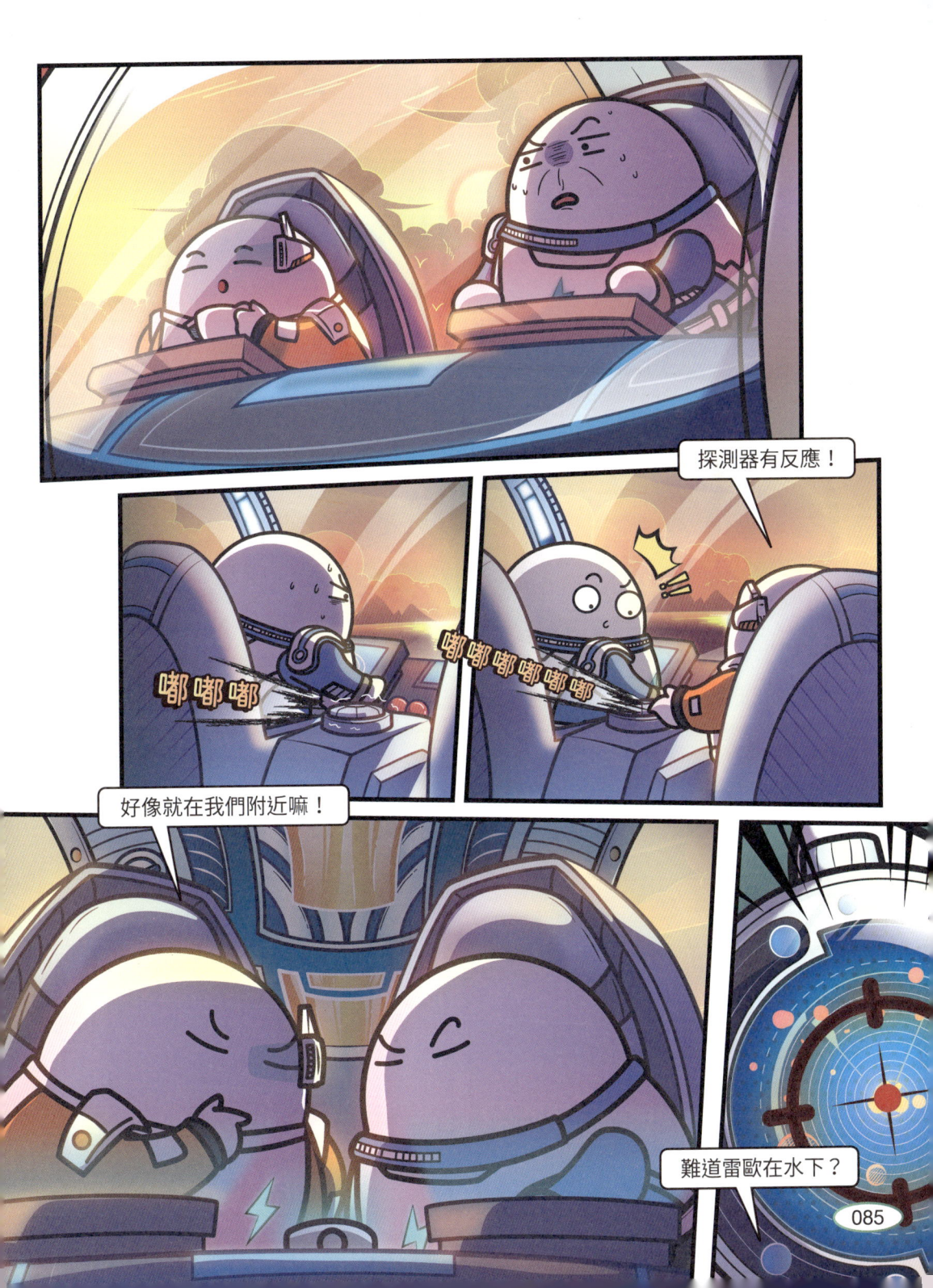

好像就在我們附近嘛！

難道雷歐在水下？

不知道,只能去找找看了。

潛水模式!

舉手

啪!

接受指令

嘩啦啦啦啦

結果你剛才複雜的操作了一輪,就只是換個模式啊……

不然呢?

咕嚕嚕

雷丘,水下這麼黑,什麼也看不見啊!

咚

087

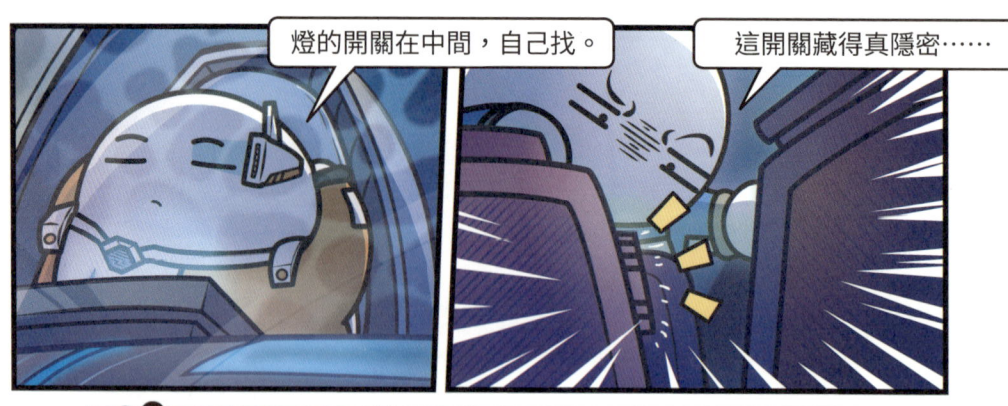

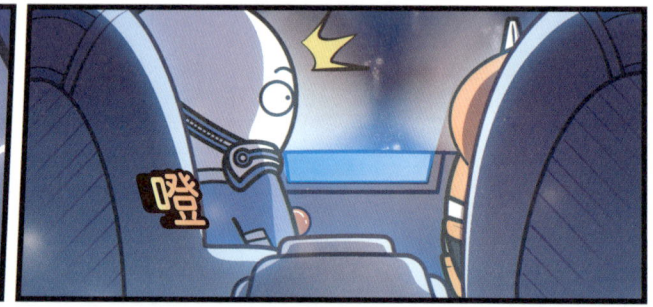

燈的開關在中間,自己找。

這開關藏得真隱密……

啪

噔

咔咔

這是？

啊！這光！似曾相識的美味！

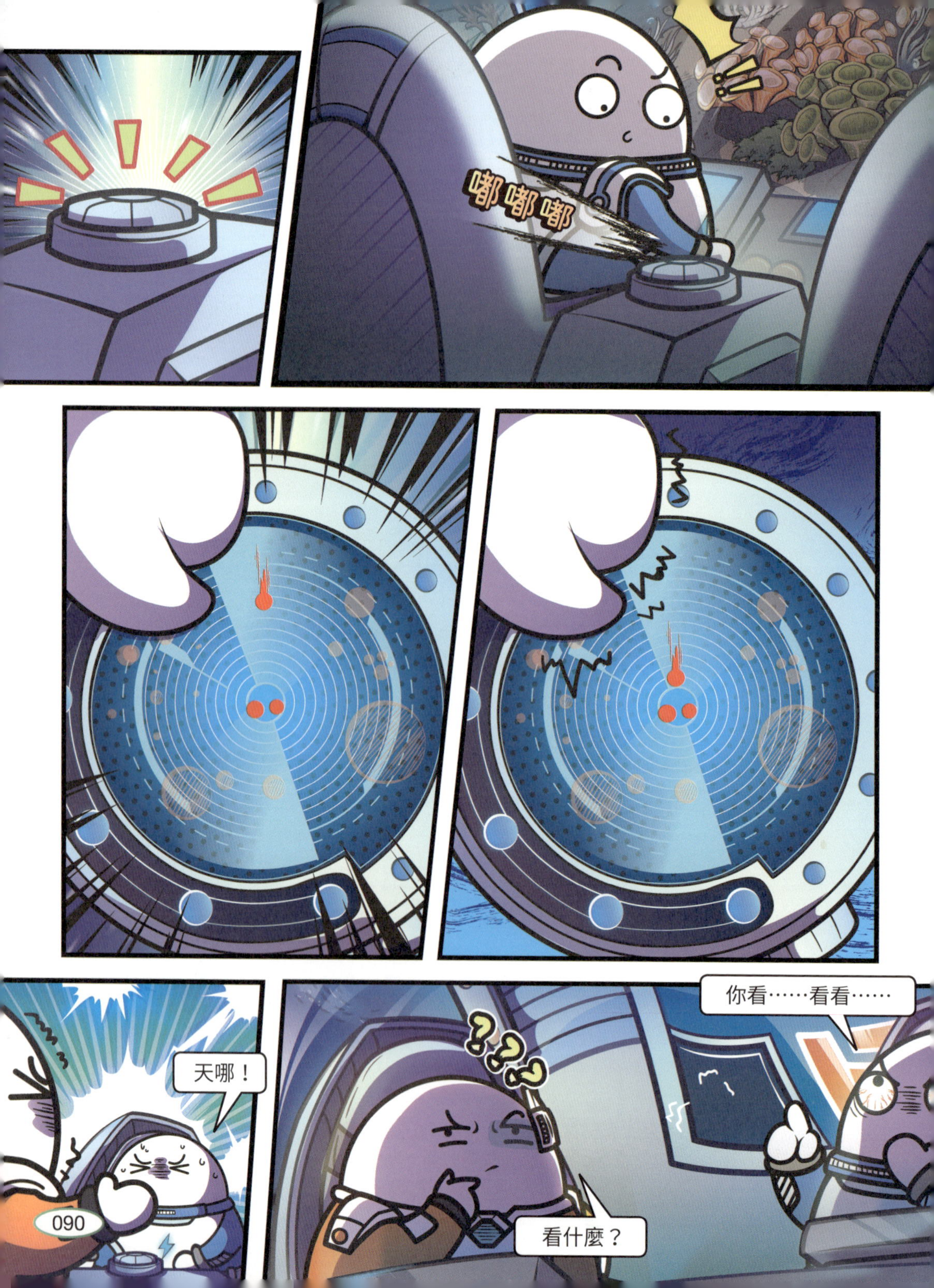

嘟嘟嘟
天哪！
你看……看看……
看什麼？

危險

嗷！

緊急遙控桿

媽呀，這是什麼怪物？！
我們完了！

嗡
嗡

不要小看我的手速！

呼呼呼

滋

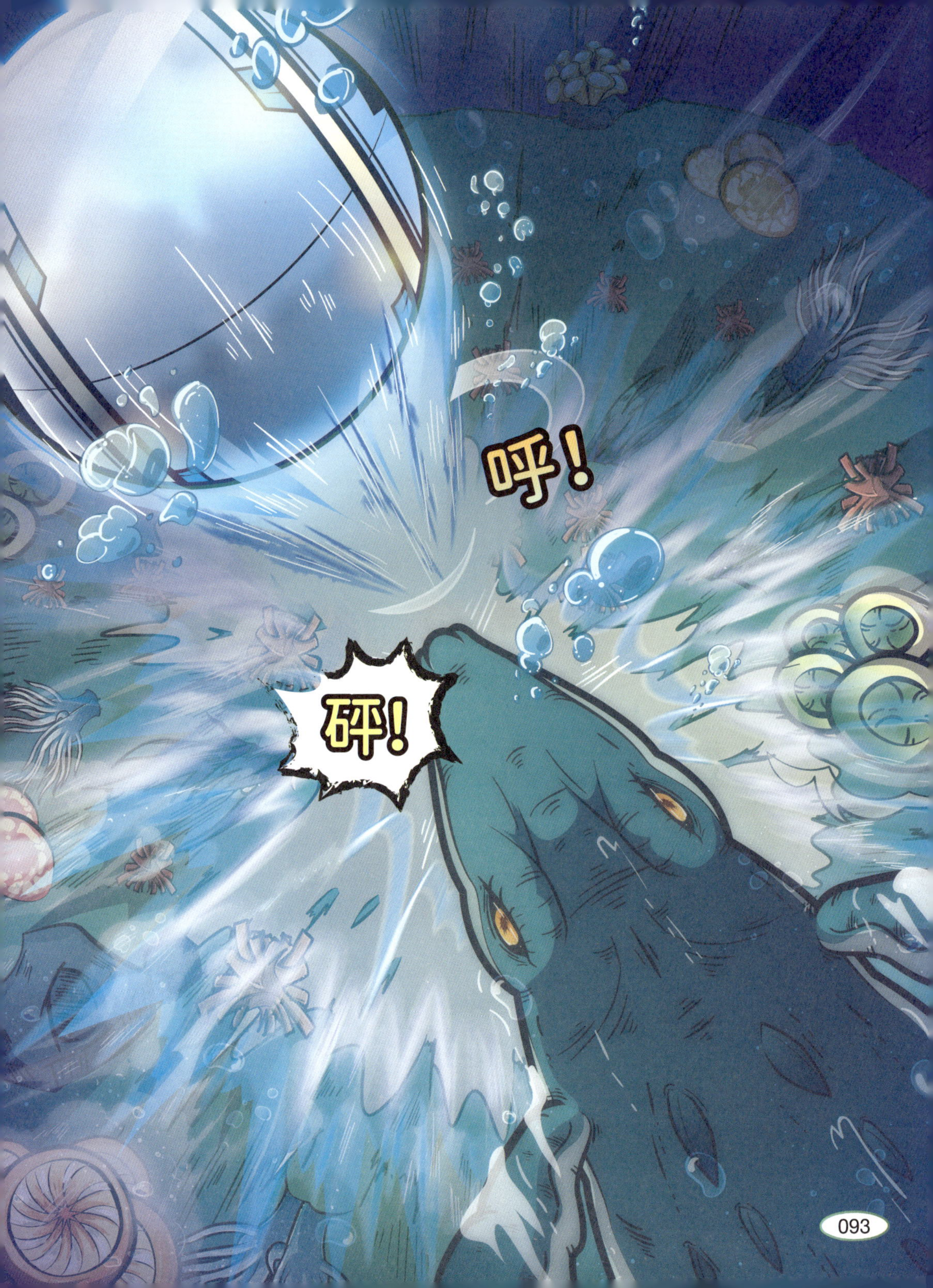
呼！
砰！

這個怪物是什麼啊？

可能就是滄龍！

討厭啦！偷看人家吃飯。

有可能！剛才他靠近的時候，探測器的反應特別強烈！

雷歐該不會被滄龍吃了吧？！

別急，我有辦法！

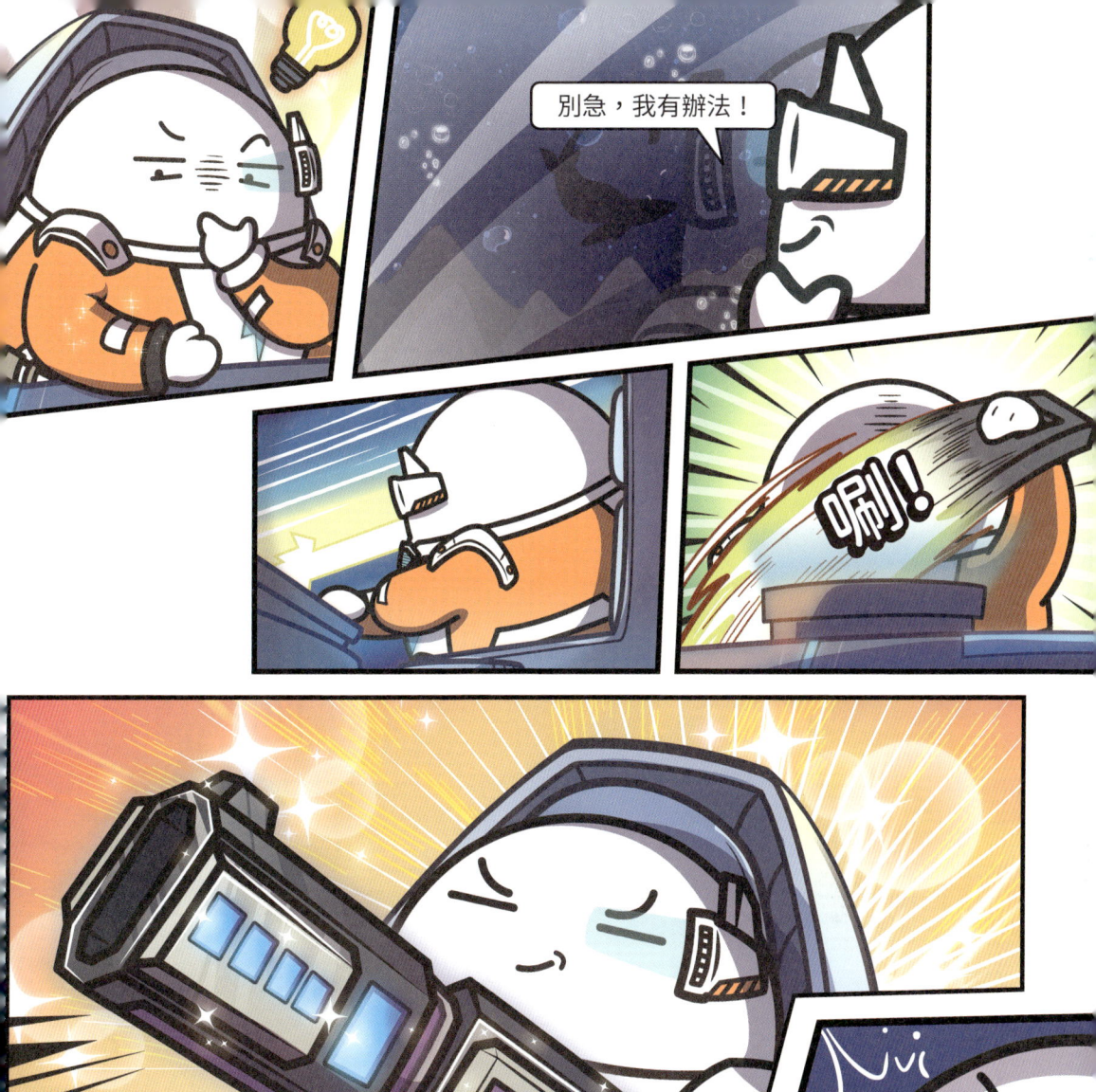

唰！

你居然掏出來一臺能量炮！

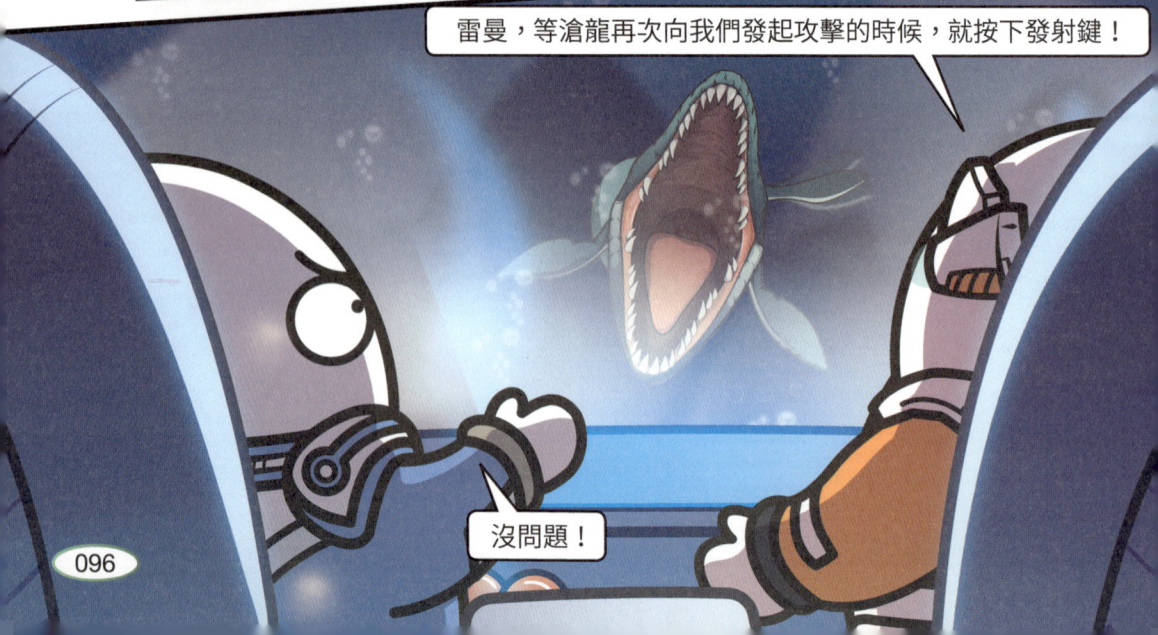

按

噜

什麼能量炮!我要是有那東西,還會被滄龍追?

這是改造後的催吐劑發射器,只是外形像能量炮而已。

插!

雷曼,等滄龍再次向我們發起攻擊的時候,就按下發射鍵!

沒問題!

發射器準備就緒

催吐劑填充中

嘩嘩

嘩嘩

就是現在，發射！

喀嗒

射！

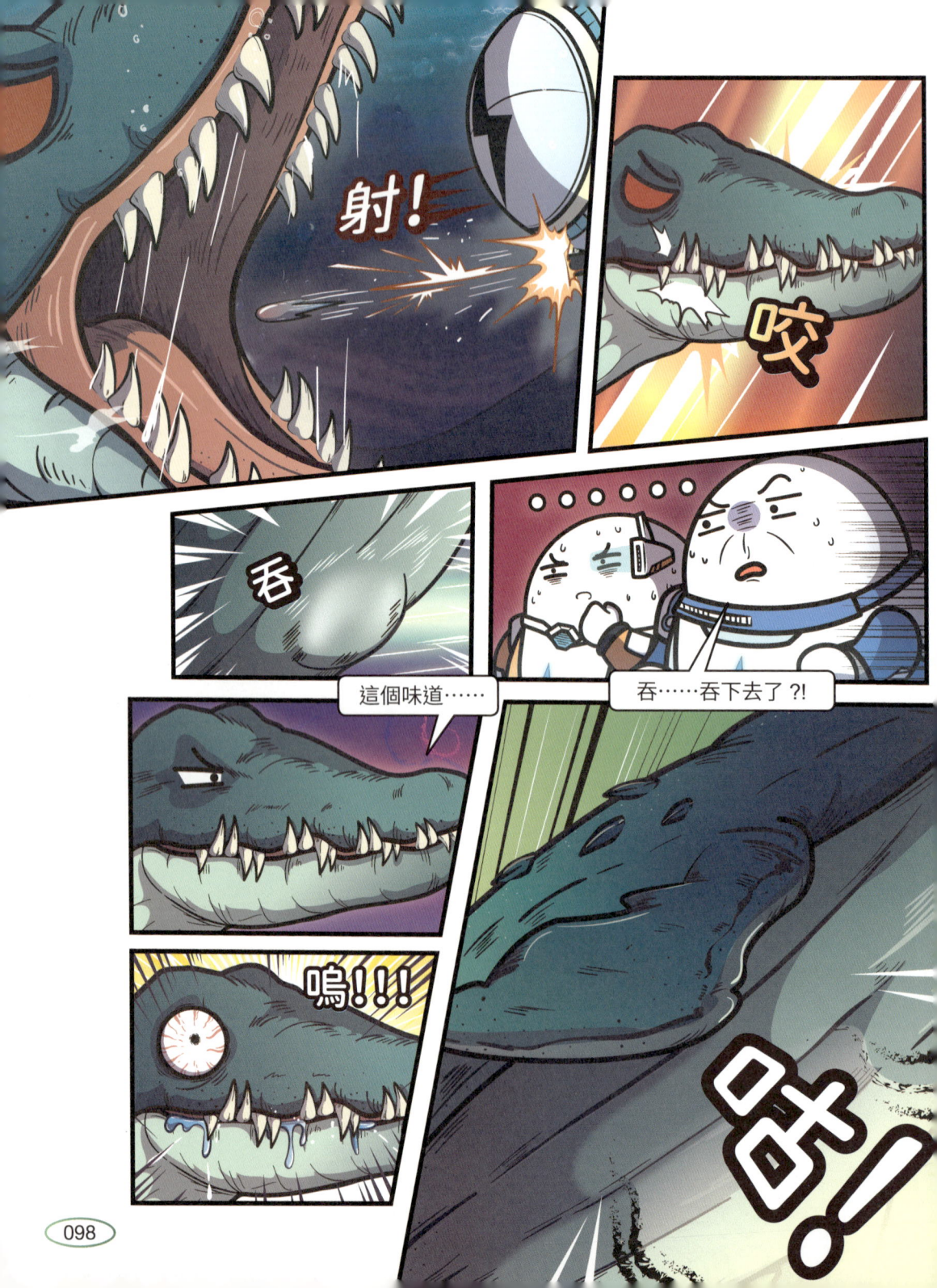

咬

吞

吞……吞下去了？！

這個味道……

嗚！！！

咕！

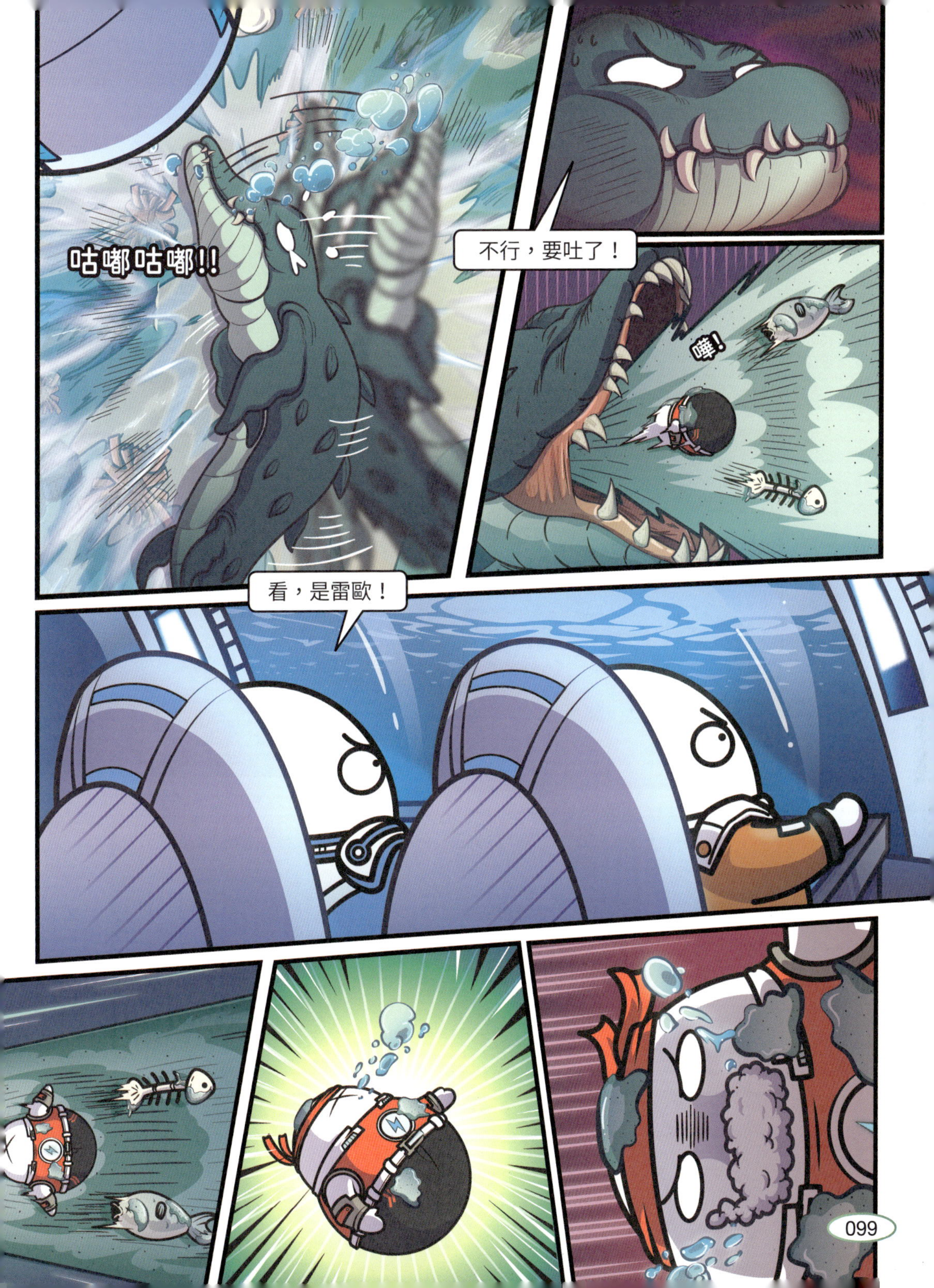

咕嘟咕嘟!!
不行，要吐了！
嘩！
看，是雷歐！

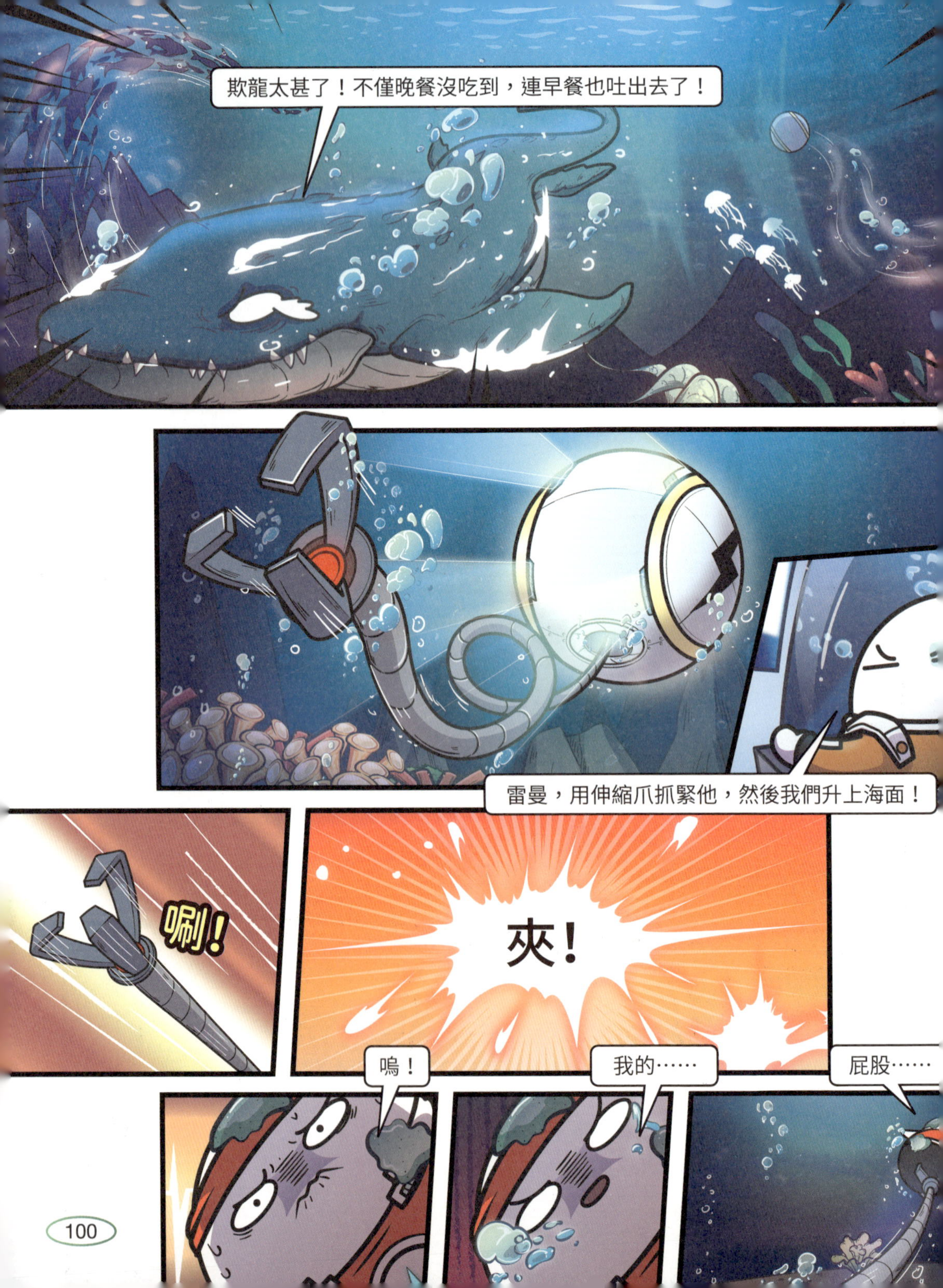
欺龍太甚了！不僅晚餐沒吃到，連早餐也吐出去了！
雷曼，用伸縮爪抓緊他，然後我們升上海面！
唰！
夾！
嗚！
我的……
屁股……

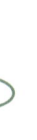

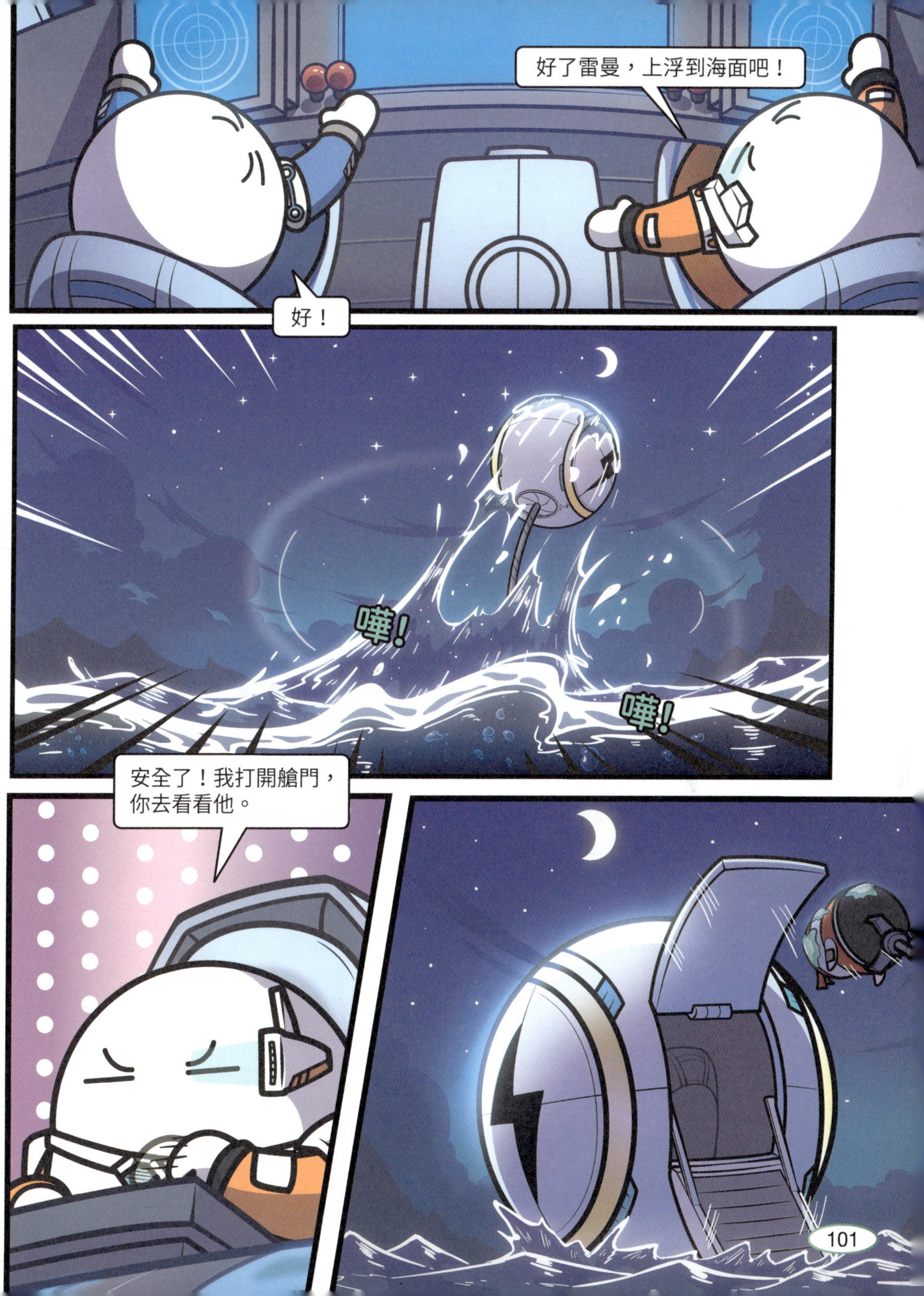
好了雷曼，上浮到海面吧！
好！
嘩！
嘩！
安全了！我打開艙門，
你去看看他。

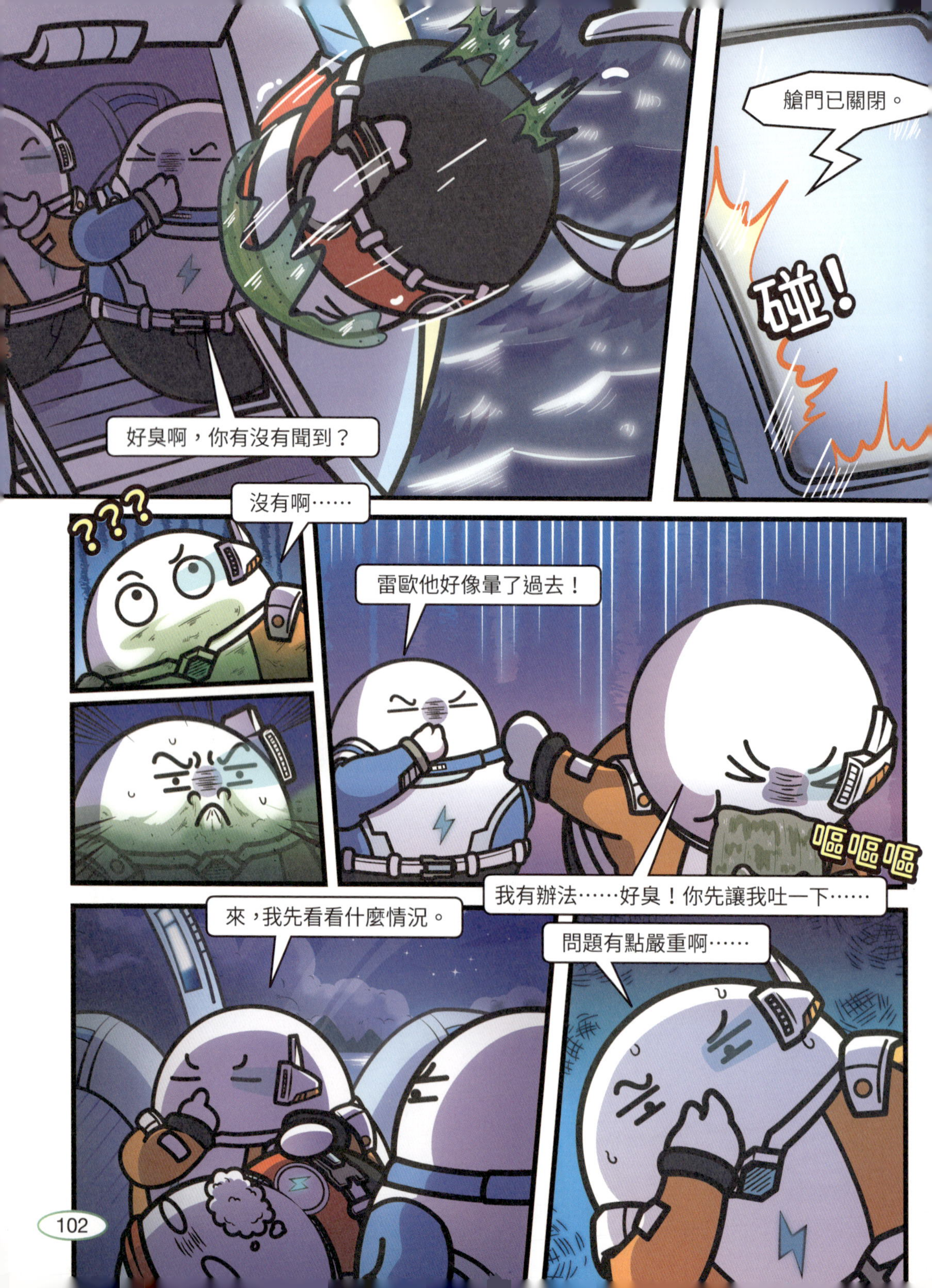
好臭啊，你有沒有聞到？
艙門已關閉。
碰！
沒有啊……
???
雷歐他好像暈了過去！
嘔嘔嘔
我有辦法……好臭！你先讓我吐一下……
來，我先看看什麼情況。
問題有點嚴重啊……

嗯……

看我電醒他!

給我醒來!

睜眼

醒來了!醒來了!

呃……你們是?

雷歐,你怎麼樣?發生了什麼事?

用力一吸

昏死。

賽雷小講堂
滄龍

滄龍的身體呈長筒狀，尾巴強壯有力，且具備高度流體力學的身形。

滄龍是用肺呼吸，換一次氣可以在水中停留很長時間。

滄龍的前肢有5趾，後肢有4趾，四肢已演化成鰭狀肢，前肢比後肢大。短粗而有力的鰭狀肢使滄龍可以在水中迅速改變方向，敏捷度大大增加。

滄龍的耳朵構造特殊，可以把聲音放大三十八倍。滄龍能利用上頜側面與吻部的一組神經偵測獵物發出的壓力波，確定獵物的準確位置。

目前發現的最大的滄龍是「霍夫曼滄龍」（Mosasaurus hoffmanni），體長可達17公尺，體重超過20噸。

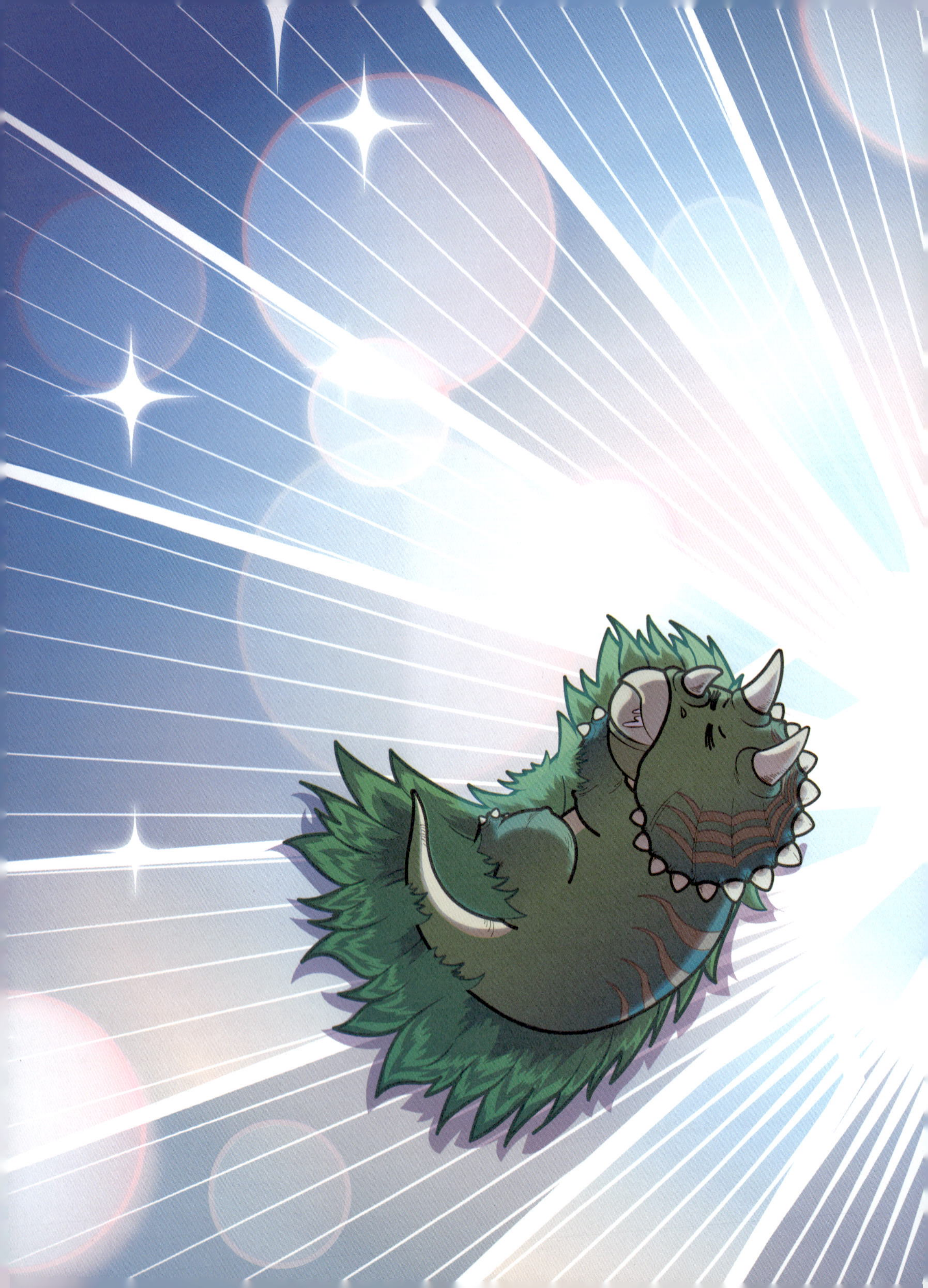

第六章
舊友重逢

嘩啦!

他是吃了多少啊,真重!

還活著,但是生命徵象很弱。

天怎麼變黑了?

不知道,先想辦法救雷歐吧,他現在氣息太弱了。

108

要救他，恐怕只有一個辦法。

我記得西蒙說過，這裡在下雨天會打雷。

你是說"超級電擊療法"？

沒錯。

難道你想……

劈啪！

嗯，如果下雨的時候釋放的雷電能量夠強，應該可以救他。

可是什麼時候才會下雨呢？
如果西蒙他們在這裡就好了！
呃……不知道。
啪
嗯？？
我有辦法了！
啊！！
這不是催吐劑發射器嗎？你打算讓雷歐吐到醒嗎？
誰規定這只能是催吐劑發射器了？現在它叫……

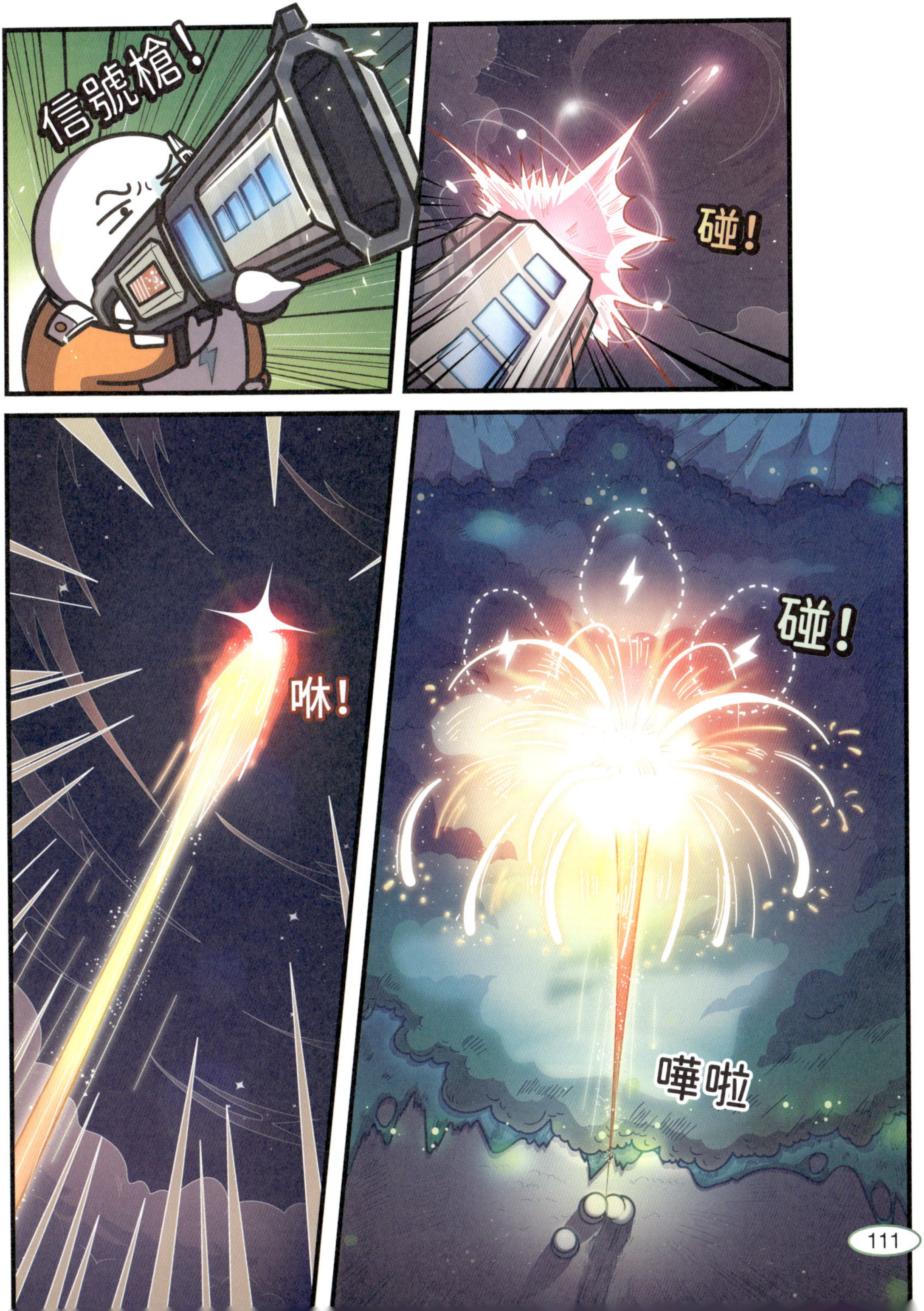
信號槍！
碰！
咻！
碰！
嘩啦

西蒙他們會看到嗎？
只能試試了。
來幫我一起改造雷電接收器吧！
好，現在要做什麼？
咔
吱
展開
刺
滴
雷曼，你到我身後，把雷歐移過來，我們把他綁上去。
OK

嗯?什麼東西啊……

嘩嘩嘩　嘩嘩嘩

雷曼,叫你做個事情,怎麼拖拖拉拉的!

嘩嘩嘩

不是……雷丘,草叢裡好像有東西……

閃閃!

發亮!

咚!

出……出現了……

> 欸?!

> 是……是你們!

> 我們看到天上有奇怪的光束,想到可能是你們在這裡,所以就趕來了。

> 晚安啊!半天不見,兩位氣色不錯啊!

> 太好了,西蒙,你們真的來了!

> 西蒙,我們找到了雷歐,但是他昏迷不醒。在斷電狀態下,賽雷星人會以極低的電能消耗進入休眠狀態,這個狀態差不多可以維持七天。只要在這段時間內喚醒雷歐,他就不會有生命危險。所以為了救雷歐,我們需要你們的幫忙。

我們能幫什麼？儘管說。
我記得你說過這裡下雨天會打雷？
是的，但並不是每一次下雨都會打雷。
我聽奶奶說，有個叫風暴角的地方經常會有雷雨。

你知道這個風暴角在哪裡嗎?

不知道。

呃……

我知道在哪!

風暴角

現在位

但是風暴角離這裡太遠了,走過去要好幾天。

雷丘,想想辦法吧!

有時候我真覺得自己是……

超級天才！

坐這架飛機，我們很快就能到了！

哇！

哇！

好吧，休息一下再出發吧，剛好也讓你們看看。

啊？

可是今天已經很晚了，我們明天再出發吧？

117

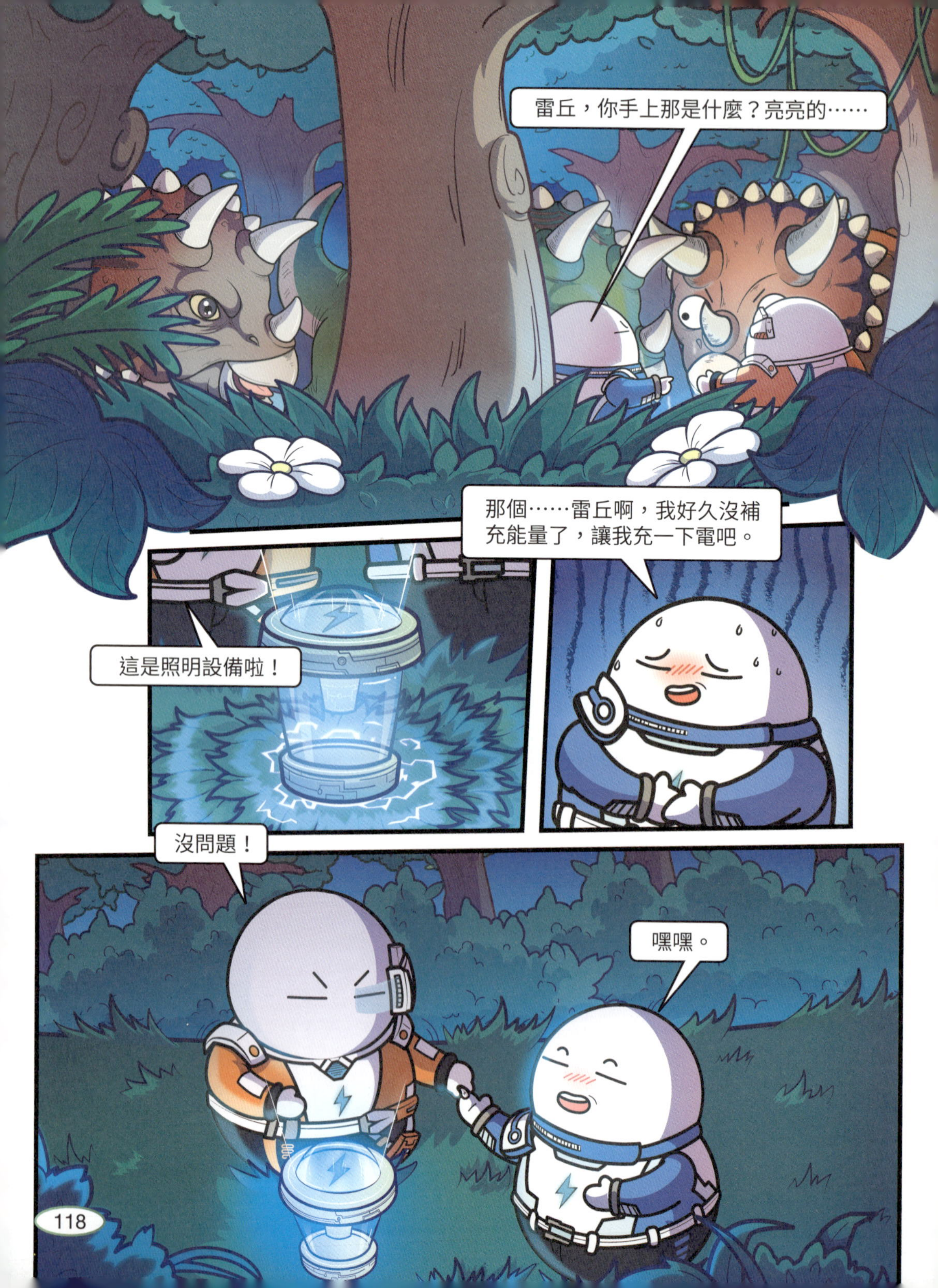
雷丘，你手上那是什麼？亮亮的……
這是照明設備啦！
那個……雷丘啊，我好久沒補充能量了，讓我充一下電吧。
沒問題！
嘿嘿。

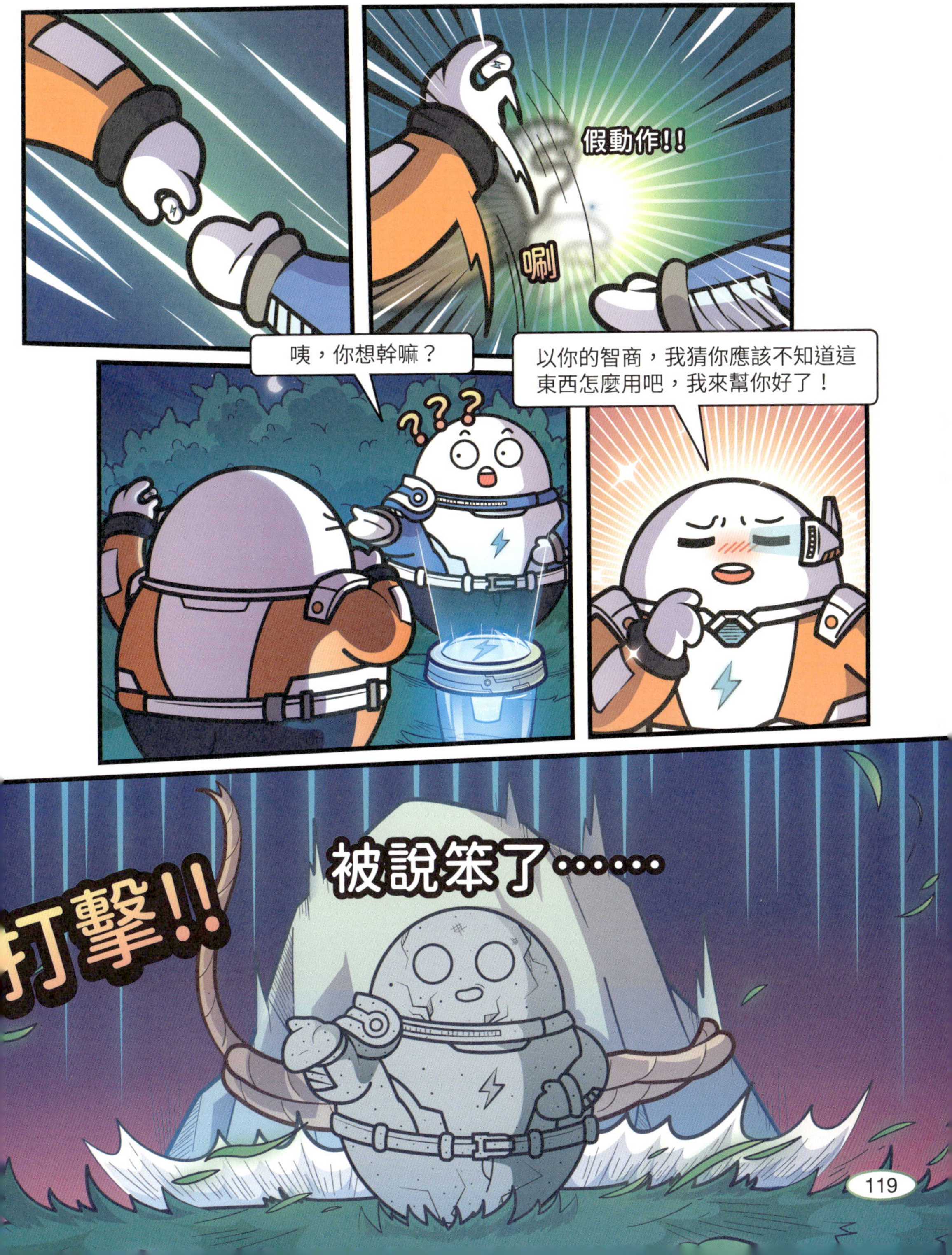

假動作!!
唰
咦，你想幹嘛？
以你的智商，我猜你應該不知道這東西怎麼用吧，我來幫你好了！
打擊!!
被說笨了……

嗯，完美！

噴，就這樣充電，總覺得還少了什麼……

滴滴滴

懸浮充電裝置啟動完畢

哇！這個東西好神奇！

嗡

真行啊，雷曼，想不到你那麼講究。

你這是在做什麼呢？

我在充電，讓自己重新充滿力量。

我覺得像我們吃東西來補充體能。

大概相當於我們睡覺吧。

應該說是兩者的結合。我們賽雷星人就是靠電量來維持活動的，平時睡覺時相當於處在低耗能狀態，消耗的電量是正常活動的十分之一。

正解！

所以我們需要時不時地補充電量，來維持我們的生命。

那你們為什麼不直接幫雷歐充電呢？

雷歐現在處於休眠狀態，用充電裝置的電流無法喚醒他，必須要高強度的電流才行。

我們也需要補充各種營養物質，不過飲食和你們碳基生物*不太一樣。

原來如此。

那你們需要吃東西嗎？

什麼碳？什麼基？

西蒙……

別問了，快睡吧！

那麼！大家晚……

好……好吧，我不問了。

你太吵了！

晚安。

關燈

*碳基生物：指以碳元素為有機物基礎的生命。目前地球上絕大多數生物都屬於碳基生命。——編註

唉,有時候好奇也是一種罪過啊……

哦!對了……

西蒙!

閉嘴!快睡覺!

125

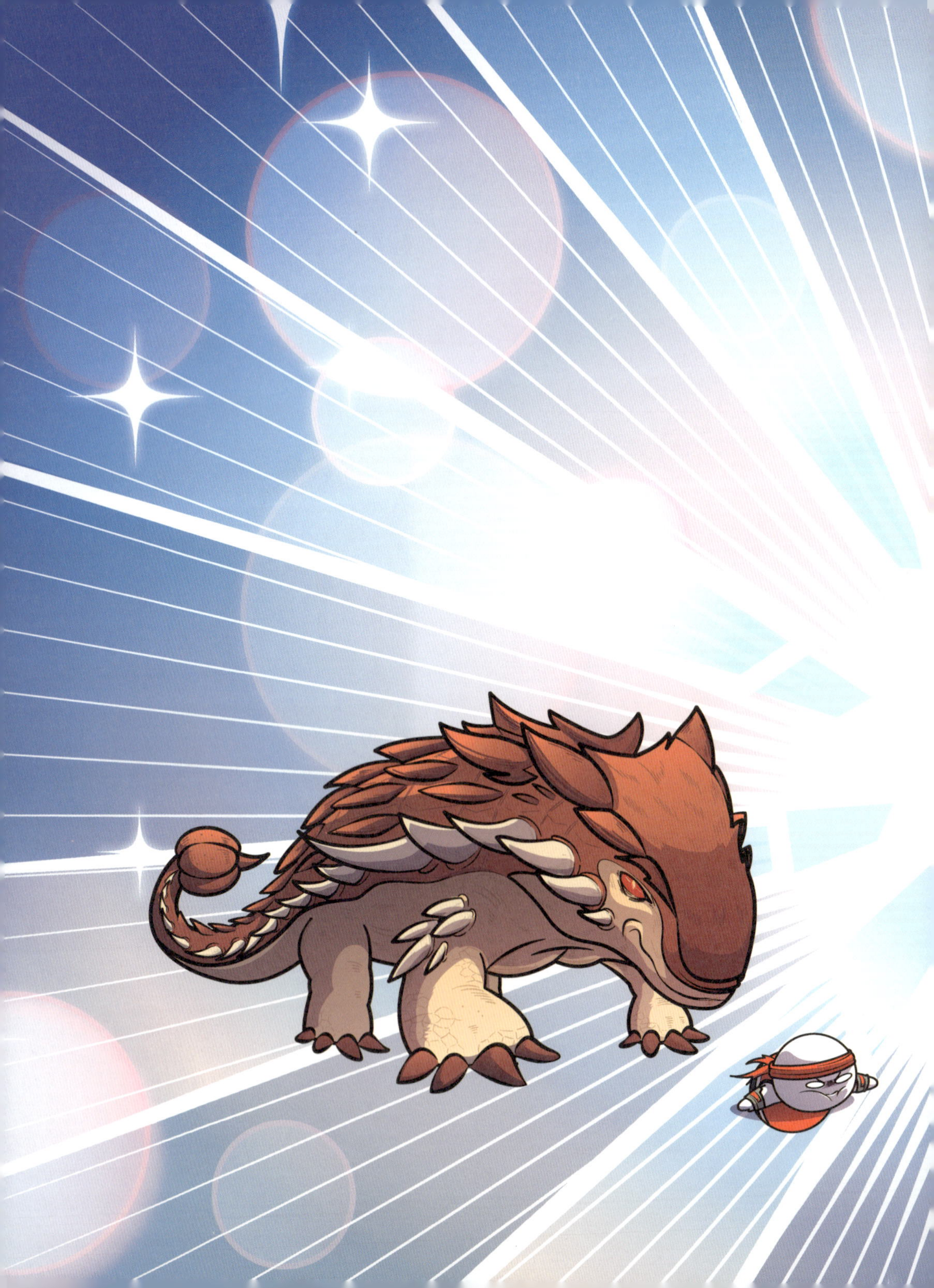

第七章
節外生枝

噴

啪！

128

欸？

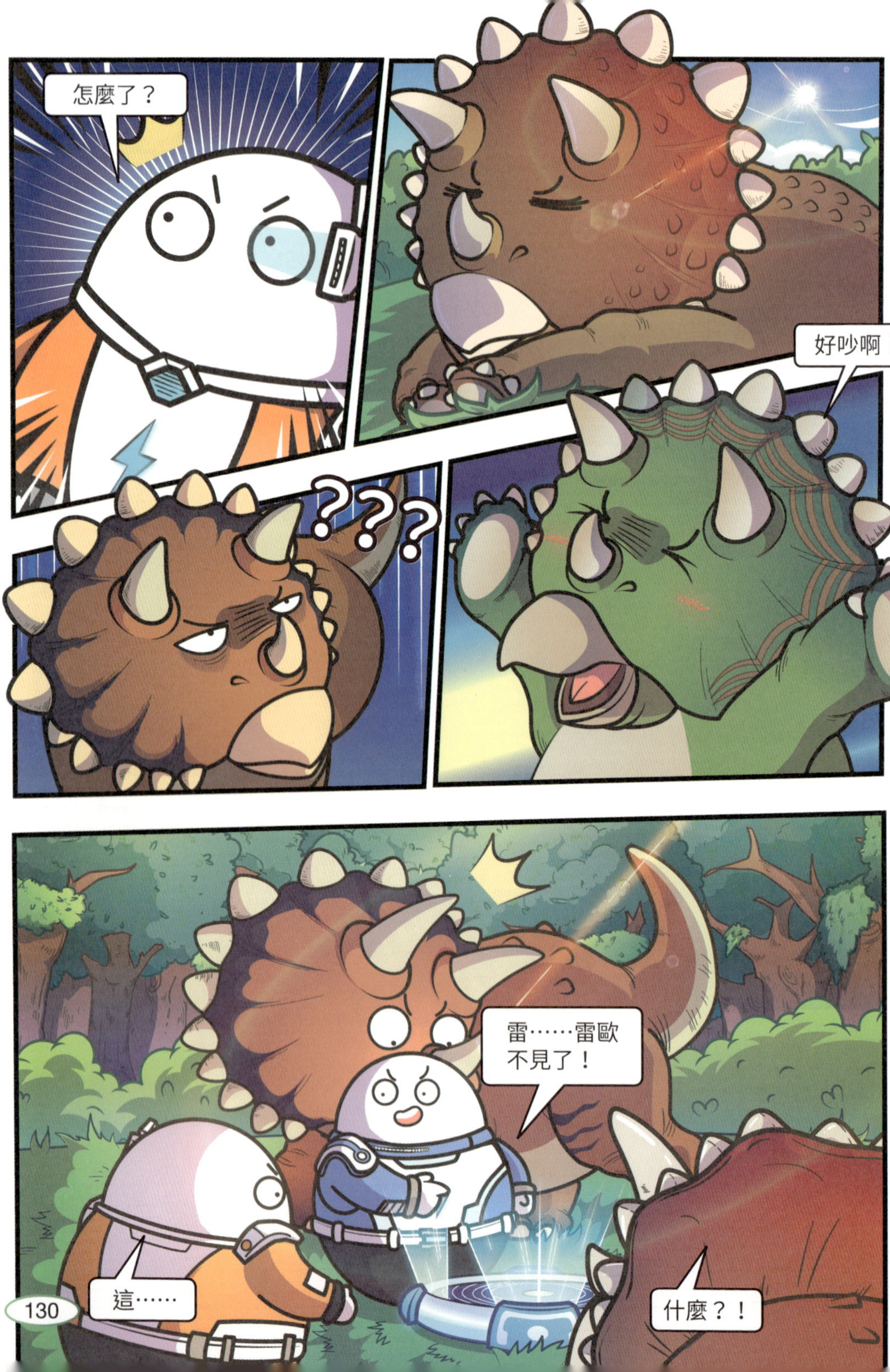
怎麼了？
好吵啊！
雷……雷歐
不見了！
這……
什麼？！

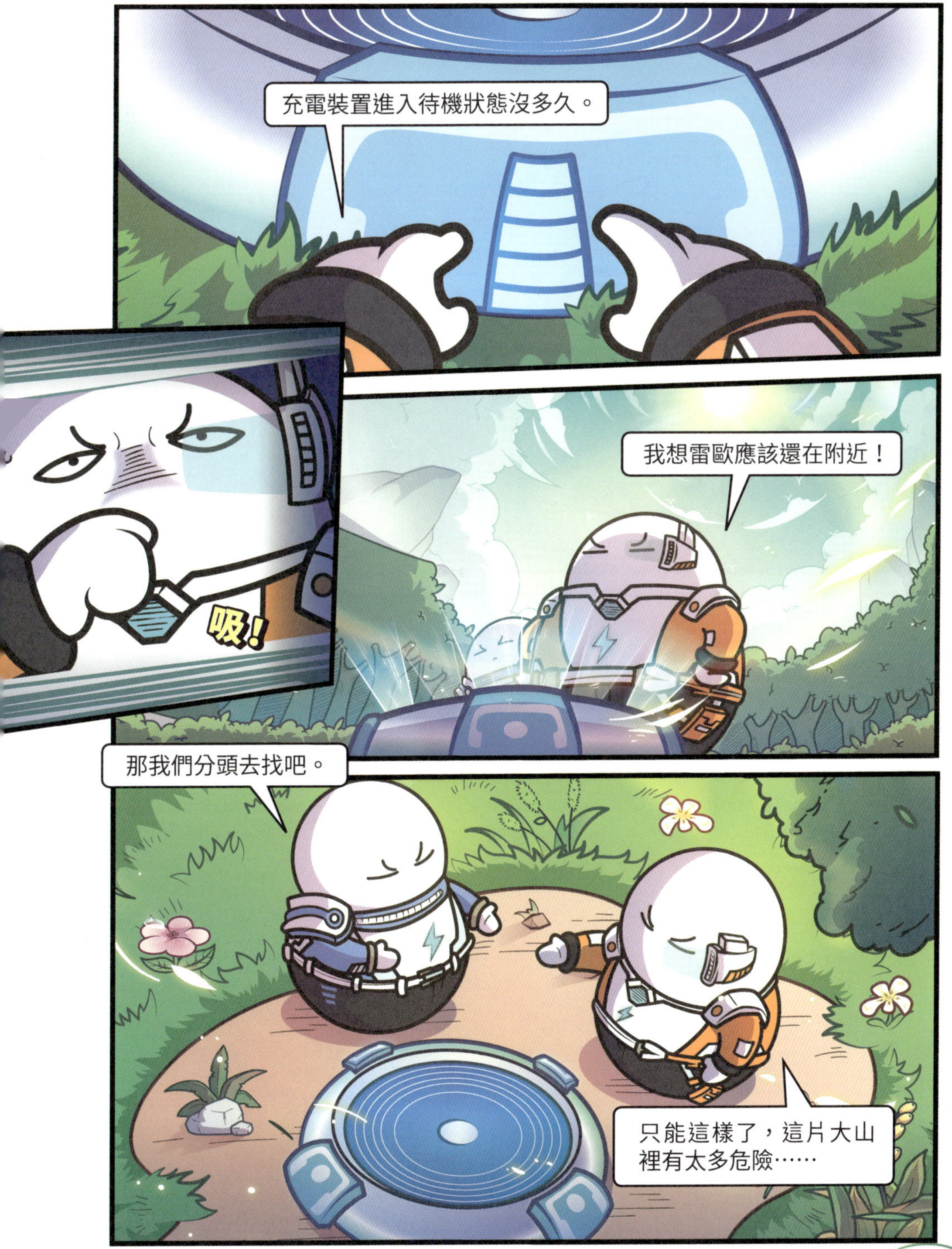
充電裝置進入待機狀態沒多久。
吸！
我想雷歐應該還在附近！
那我們分頭去找吧。
只能這樣了，這片大山裡有太多危險……

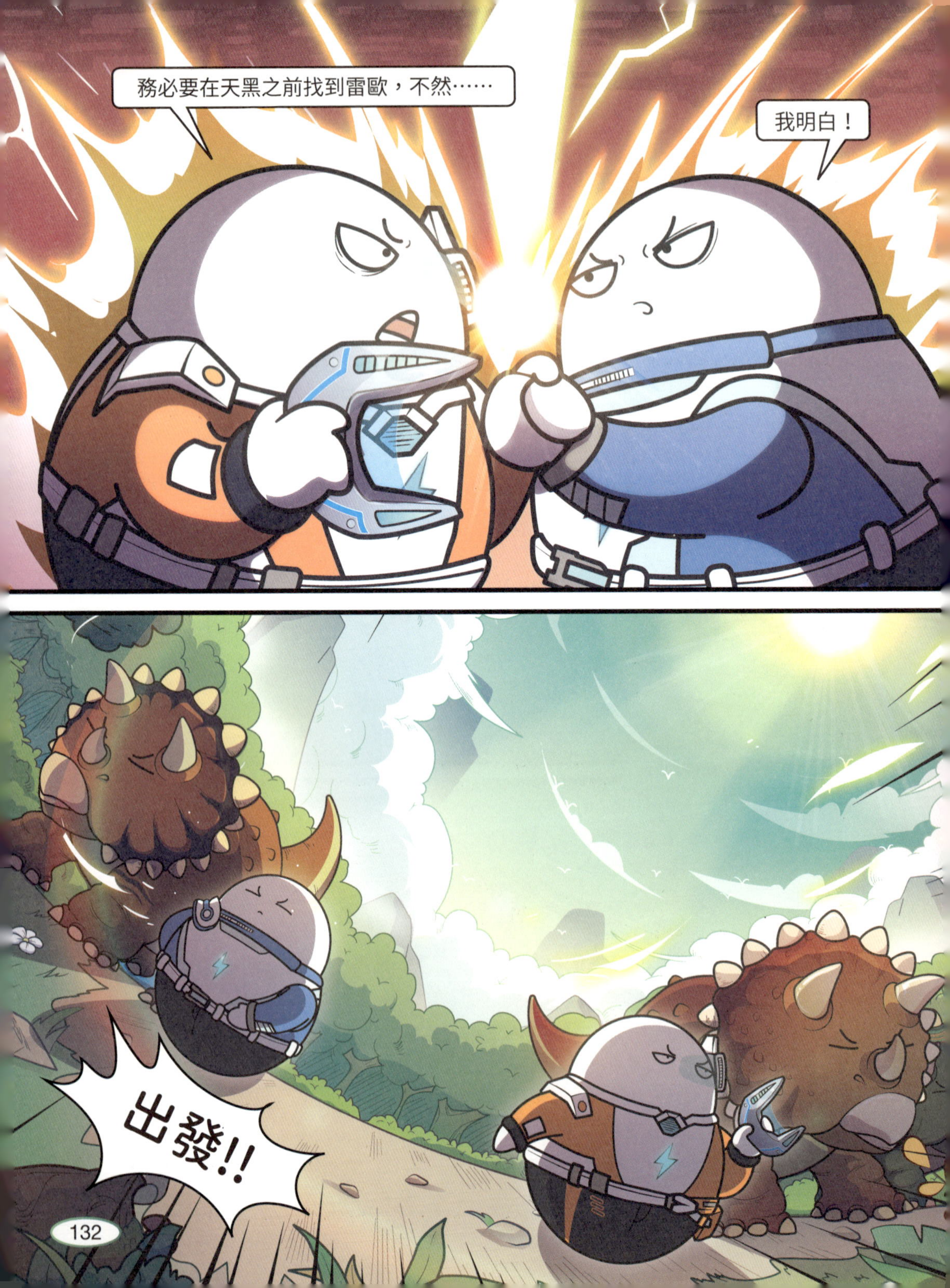
務必要在天黑之前找到雷歐，不然……
我明白！
出發!!

雷歐！你奶奶叫你回家吃飯了——
這樣喊沒用吧，雷歐不是暈過去了？
小歐歐？
喞！
哇哦……
這小東西長得真可愛，快讓我摸摸！
你別過來啊！
喞！！！

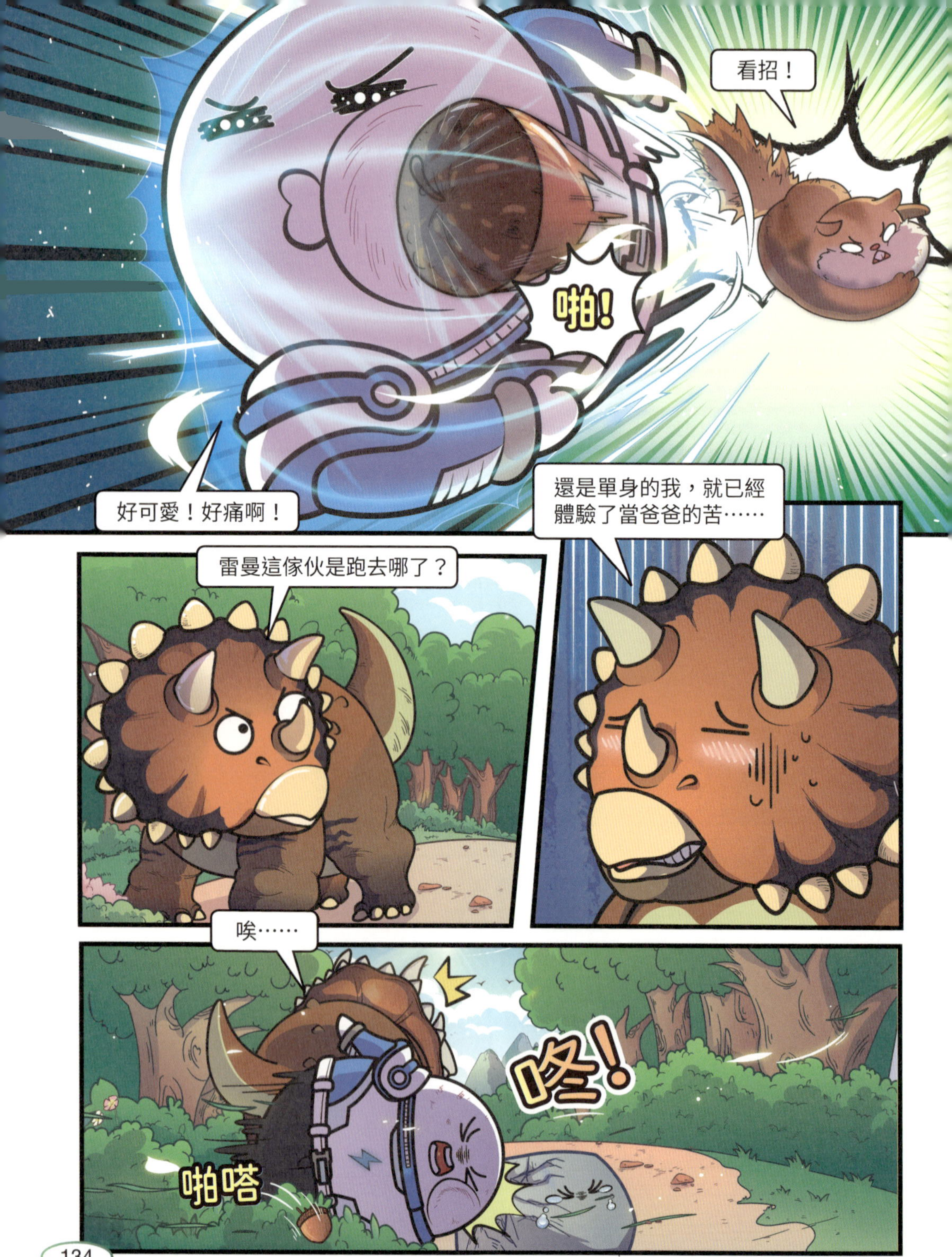
看招！
啪！
好可愛！好痛啊！
還是單身的我，就已經
體驗了當爸爸的苦……
雷曼這傢伙是跑去哪了？
唉……
咚！
啪嗒

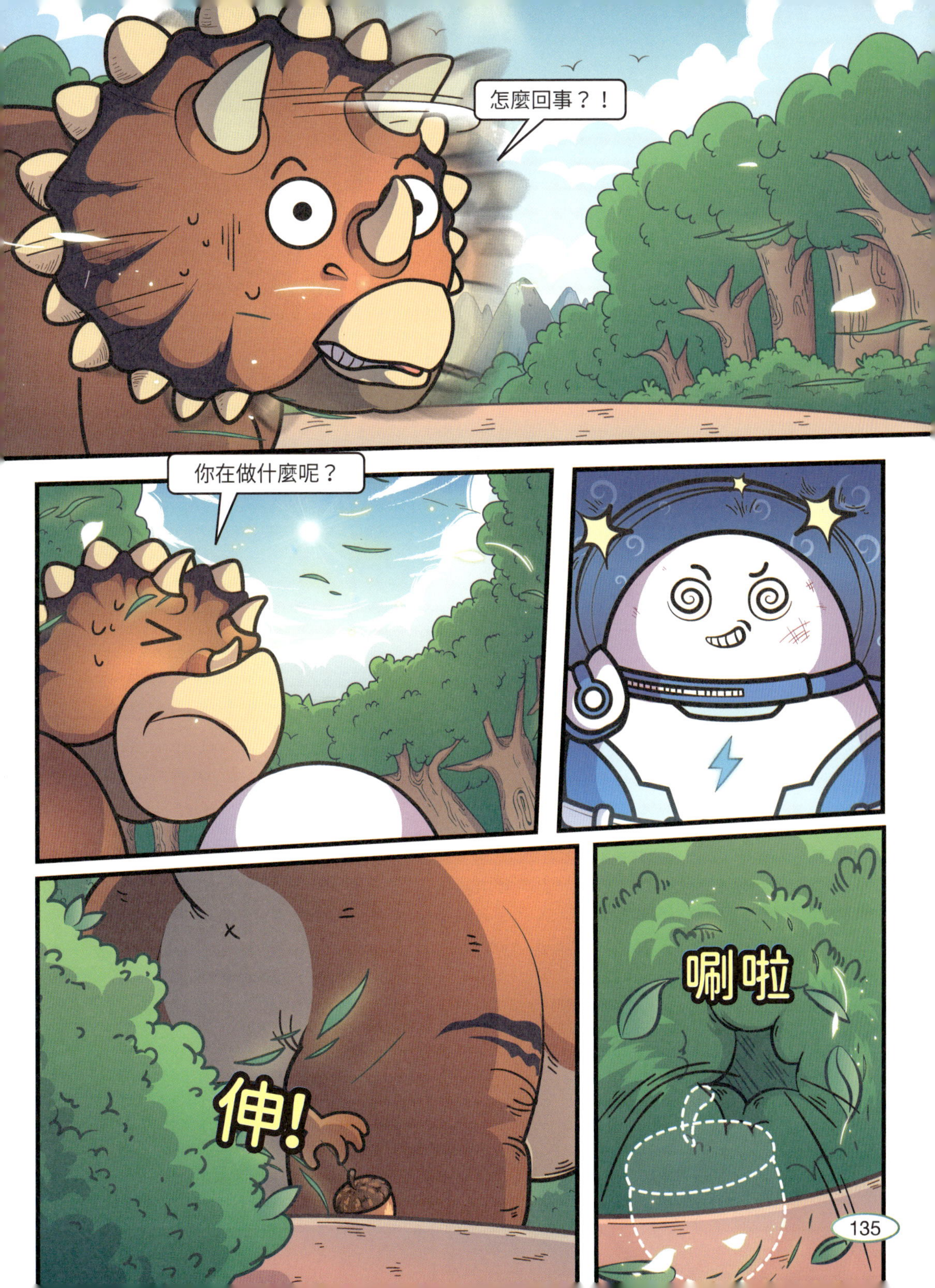
怎麼回事？！
你在做什麼呢？
伸！
唰啦

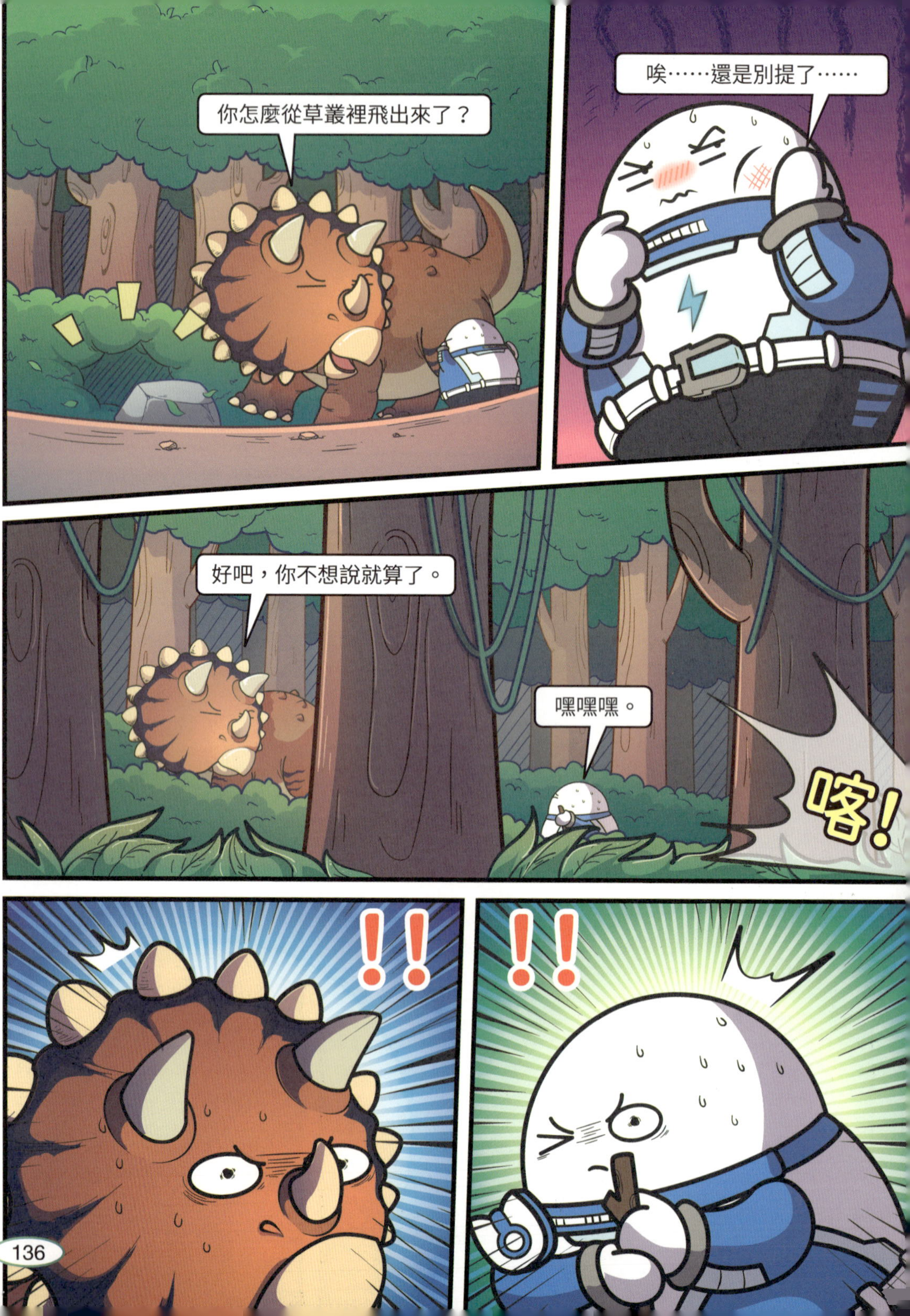
你怎麼從草叢裡飛出來了？
唉……還是別提了……
好吧，你不想說就算了。
嘿嘿嘿。
喀！
!!
!!

去看看?

去看看吧。

咚!

這些草也長得太大了!

這裡為什麼會有石頭?

西蒙,快來看!那是什麼生物?!

是笛福!

不妙

我們經常一起玩,他是個性十分溫和的恐龍。

拜託你一口氣說完啊,嚇我一跳……

原來是老朋友,那我們去打個招呼吧!

笛福!

我現在正忙,誰這麼不識好歹?

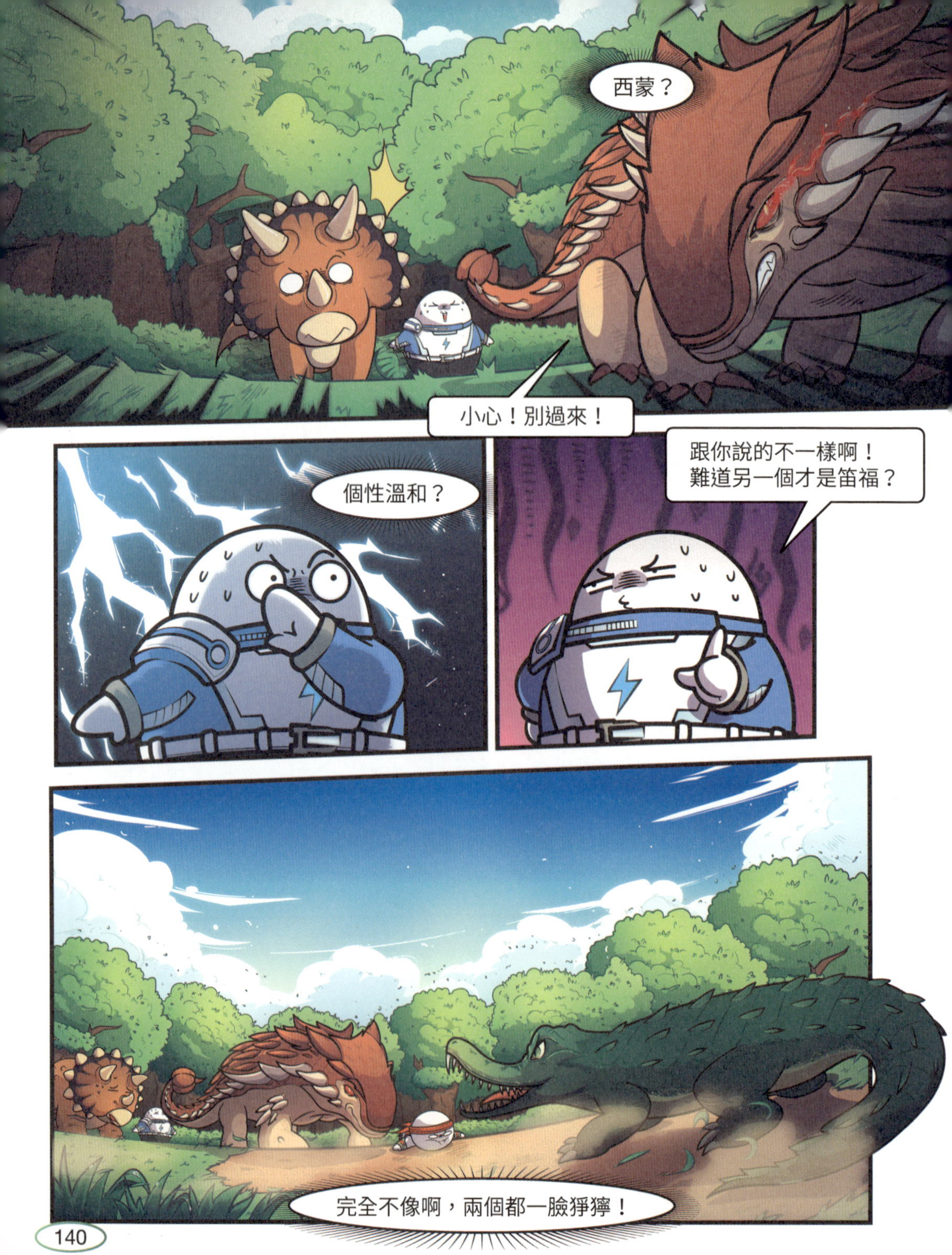
西蒙？
小心！別過來！
個性溫和？
跟你說的不一樣啊！
難道另一個才是笛福？
完全不像啊，兩個都一臉猙獰！

啊！！

是雷歐！

西蒙，這是誰？

這是我的新朋友雷曼。

那條胸甲鱷＊偷走了他的同伴雷歐！

＊ 胸甲鱷：生存於白堊紀晚期至古新世早期的古生物，體型類似現代鱷魚。——編註

原來如此……

我看到這傢伙鬼鬼祟祟,一看就不是什麼好東西,所以才過來盤問他。

嘿!那邊那條鱷魚,你想做什麼?!說的就是你!

想做什麼不重要，你趕緊把雷歐交出來！
不然要你好看！
多管閒事！我好不好看要你管！
這才不是多管閒事呢，你偷走的是我們的朋友！
我管你那麼多！龍神在此也沒用！
我餓了，我要吃了他！
住口!!
咚！

嗖嗖嗖

轟轟

！！！

呼！

你以為我會站在原地讓你打嗎？

見鬼！太快了……

碰

喀

145

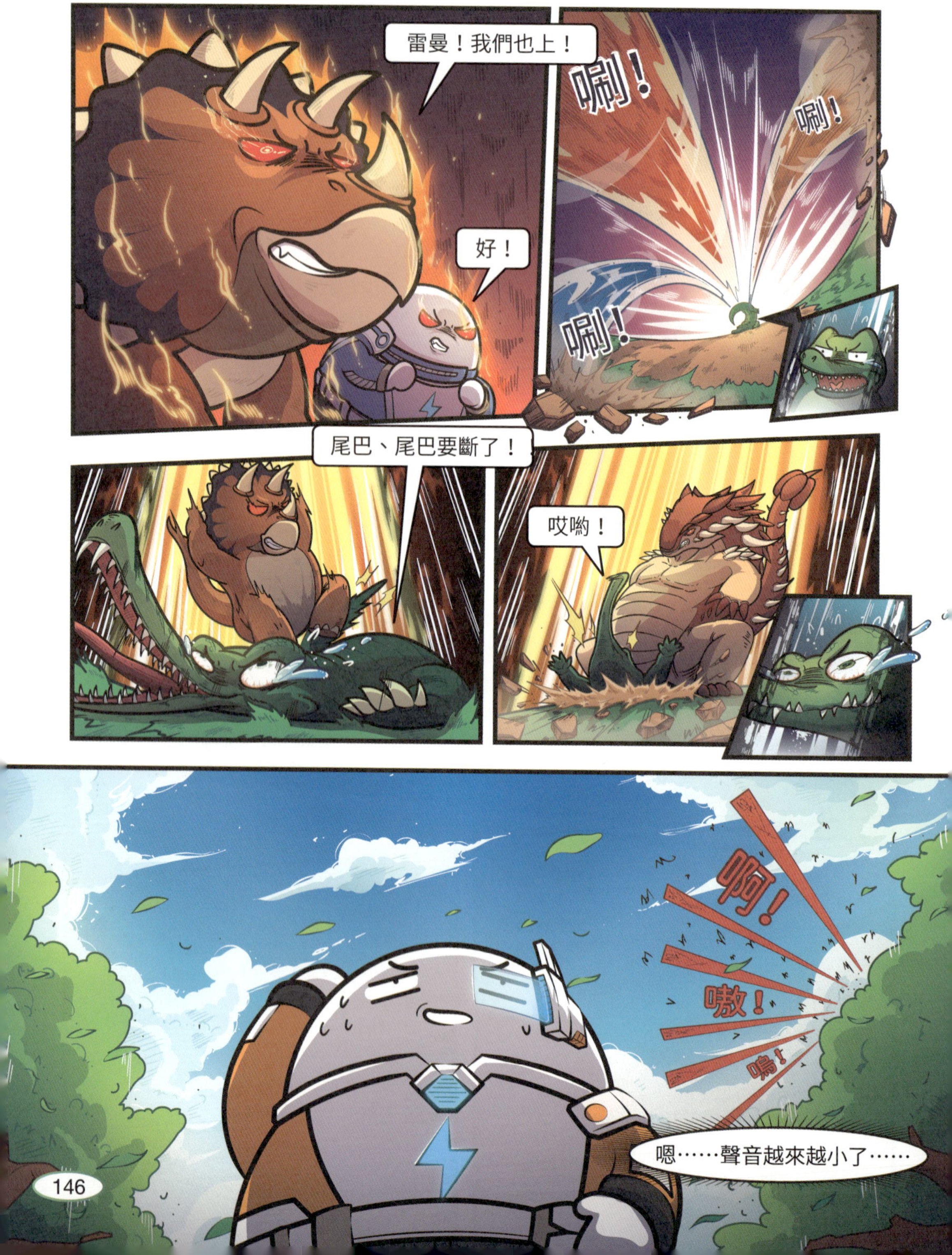
雷曼！我們也上！
好！
唰！
唰！
唰！
尾巴、尾巴要斷了！
哎喲！
啊！
嗷！
嗚！
嗯……聲音越來越小了……

嗚嗚嗚，我只是肚子
餓了，想找點東西吃。
混蛋，你給我聽好了！
你偷走的是我們最重要的同伴！
我本來是想吃你的，
你看起來比他好吃多了。
其實我原本不想偷他的，但是我看他反應比較遲鈍……

謝謝稱讚啊……

說謝謝就太客氣了，如果能放開我就好了。

放開你？做夢去吧！

你們鱷魚平時不是都在沼澤裡活動嗎？為什麼不在那裡找吃的？

唉，不是萬不得已，我也不想上岸啊。

148

最近有傳言說沼澤裡有奇怪的東西。
所以我很害怕，
不敢到那裡去。
什麼奇怪的東西？
我不知道，我也只是聽說，
聽說那裡的泥巴會動！

啪！ 啪！ 啪！

太精彩了，真會講鬼故事！

我就知道，你們根本不信！

沙

沙

何方鼠輩，鬼鬼祟祟的！快給我出來！

150

嘩！
不認得啦？好久不見啊，老朋友！
是我們啊！
啊！是雷丘他們！
泥巴怎麼可能會動，太奇幻了。
你們怎麼現在才來啊，錯過了精彩的故事。
我說的都是真的啦！

嗯……

盯

吞口水

我說的都是實話，你們饒了我吧！

我看你這傢伙就是在找藉口！

嗯……會動的泥巴？會是他們嗎？不可能啊……

算了，不管了，既然找到雷歐了，先去風暴角吧！

那這傢伙怎麼處置？

要不……放了我？

交給我吧！

賽雷小講堂
甲龍

154

甲龍體長 7.5～10.7 公尺，寬約 1.8 公尺，高約 1.2 公尺，體形扁平而寬。

甲龍最明顯的特徵是身體上覆蓋著厚厚的裝甲，這些裝甲包含堅實的結節及甲板，嵌在皮膚上。

甲龍的頭部寬而扁平，覆蓋在臉部的厚甲板和頭上的三角形棘突，使得甲龍的頭部就像戴上了一個鋼鐵頭盔。

甲龍的尾巴上有個堅硬的「棒槌」，這個「棒槌」是甲龍的防禦武器，可以對襲擊者造成一定程度的傷害。

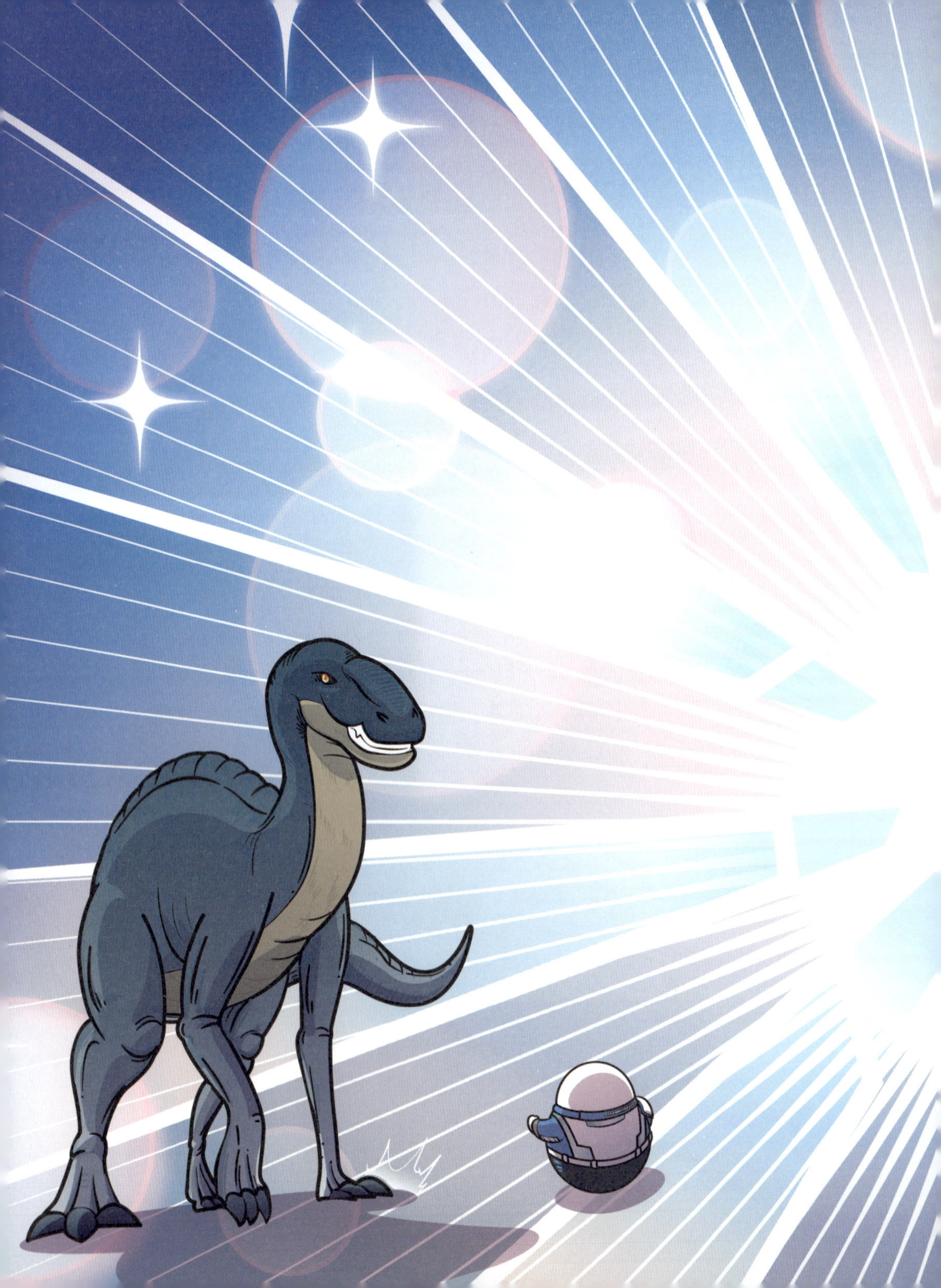

第八章
出發，前往風暴角

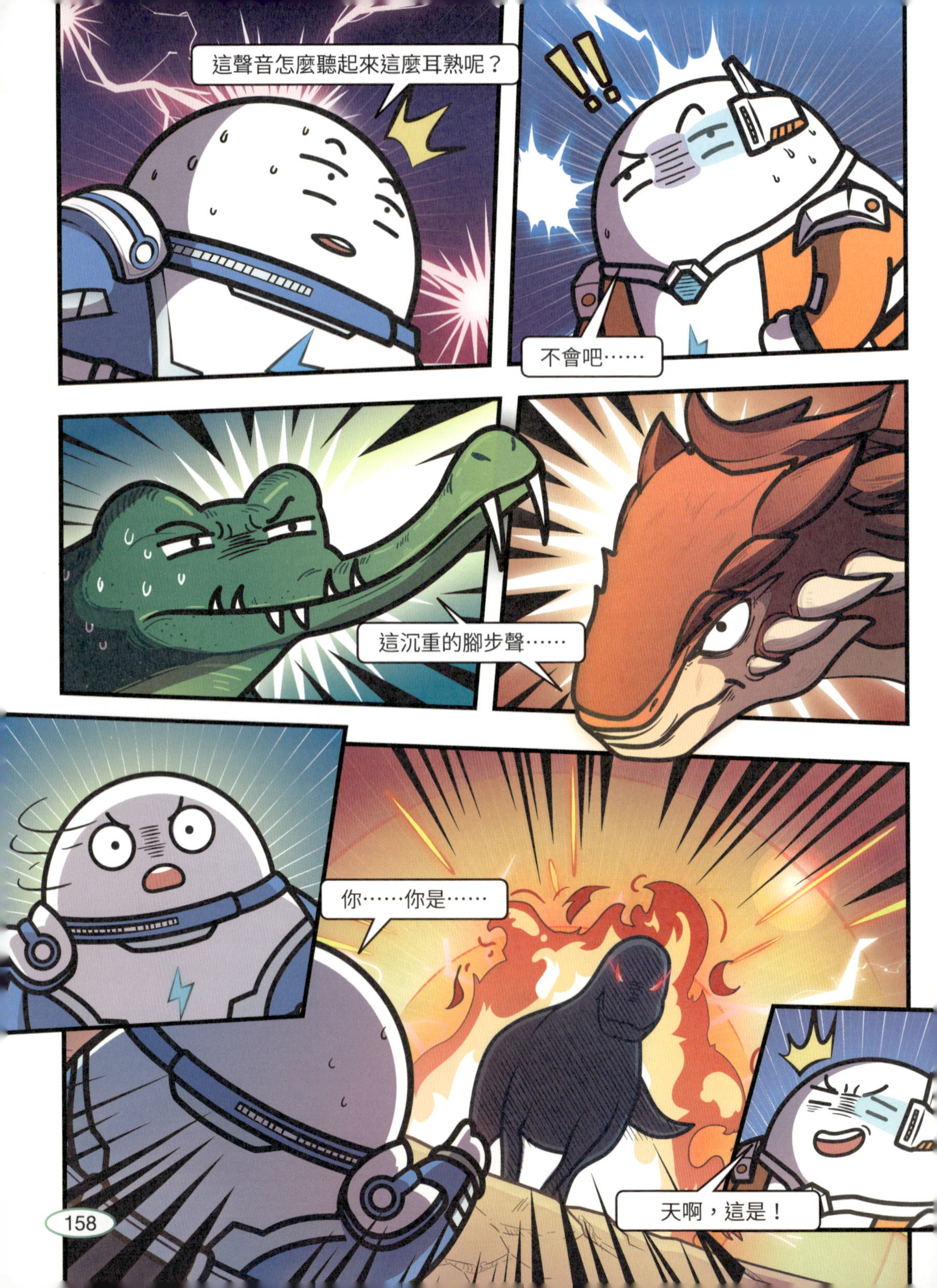
這聲音怎麼聽起來這麼耳熟呢？
不會吧……
這沉重的腳步聲……
你……你是……
天啊，這是！

……誰啊？

米羅！

好久不見啊，笛福！

這體型快跟霸王龍一樣大了吧……

咚

你怎麼會在這裡？找我有事嗎？

他偷走了我們艾德蒙頓龍好幾顆蛋。

偷蛋賊

這次我還真不是來找你的，我是來找他的。

我是來……

找他算帳的！

你這隻可惡的大蜥蜴！

碰！

喀！

原來是個慣犯啊！

我再也不敢了，饒了我吧。

如果求饒有用的話，那犯錯付出的代價也太小了！

你打算怎麼處置他?

我要把他帶到山頂扔下去!

呼——

呼——

這幫吃素的沒有一個是省油的燈,這位大哥也是個狠角色。

懦夫!你怎麼可以就這樣把我拱手讓龍!我可是偷了你們的朋友啊!

就依這位大哥吧。

閉嘴！俘虜沒有發言權！

是，好的！

嘖，嘻皮笑臉的……

他們是我朋友的朋友，此事說來話長……

那麼，你們是？

好了，你別說了，情況我都瞭解了……
還沒，我剛說到精彩的地方，事情的經過是這樣那樣……
我太大意了，我為什麼要問他啊……
La
La
La
ba la
這位米羅大哥，你和這個偷蛋賊的恩怨我也不方便多發表意見，但是在你帶走他之前，我有幾個問題想問問他。
請便。

怎麼辦？怎麼辦？要不要趁他們說話的時候逃跑啊？

不行！我應該跑不過後來的那個"大長腿"吧。

別想了，你是跑不掉的！

這話不用你說我也知道！

大蜥蜴，我問你……

我不是蜥蜴！我是鱷魚！

你說的會動的泥巴是真的嗎？

千真萬確！我以我的偷蛋技術做保證！
哎喲，這回答出乎意料啊！
是啊，我還以為他會說以人格……不，以鱷魚格做保證之類的。
原本以為他不會說實話，我還有備而來，現在看來用不上了。
有備而來？

啷！

碰！

是啊，重死了。

鱷魚，我問你，那沼澤裡還有什麼奇怪的東西嗎？

奇怪的東西？我想想啊……

你這麼一說……

我想起來了！

據說沼澤裡經常會莫名其妙出現一些石頭，但是過幾天又消失了……

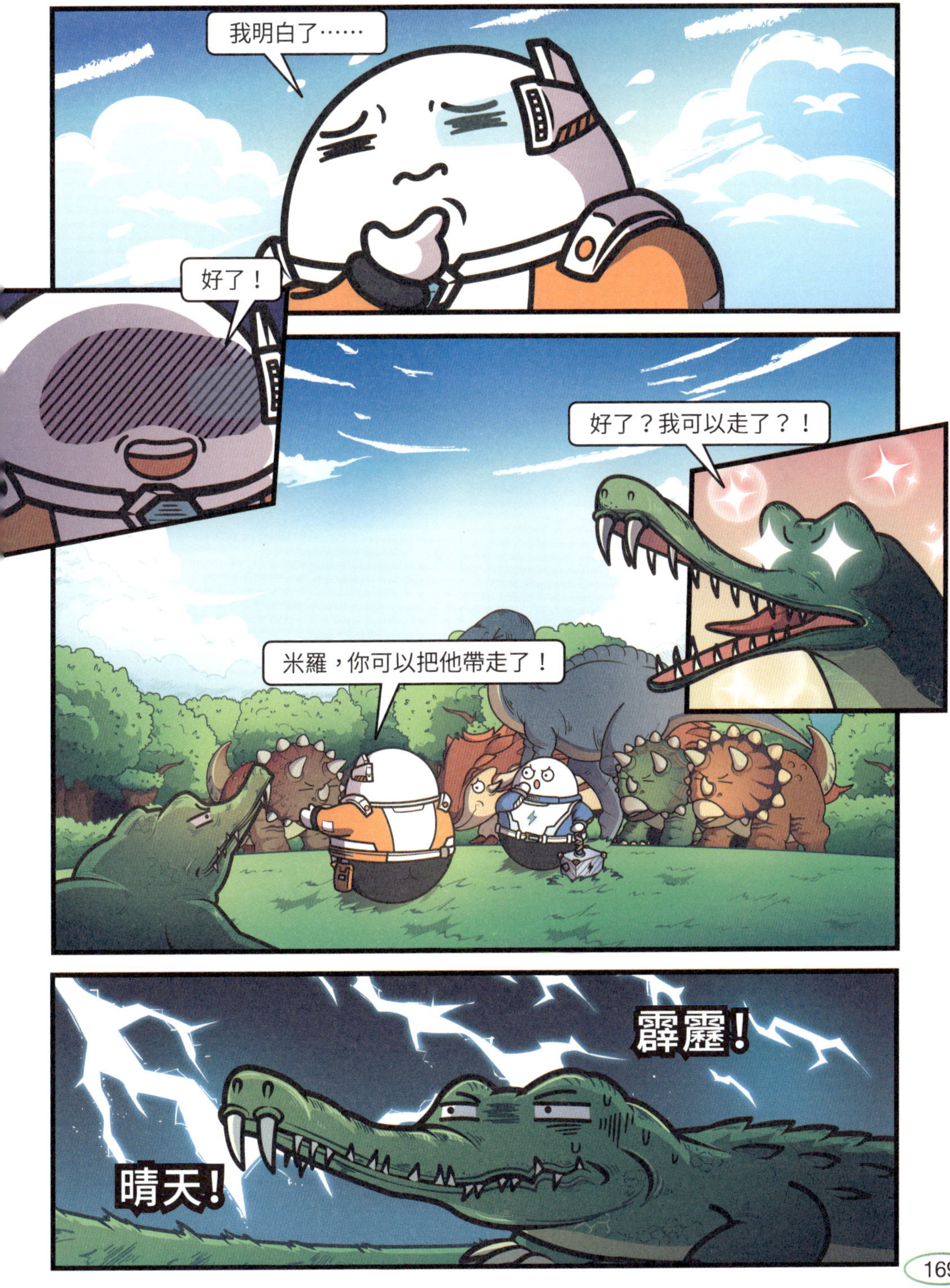
我明白了……
好了！
好了？我可以走了？！
米羅，你可以把他帶走了！
霹靂！
晴天！

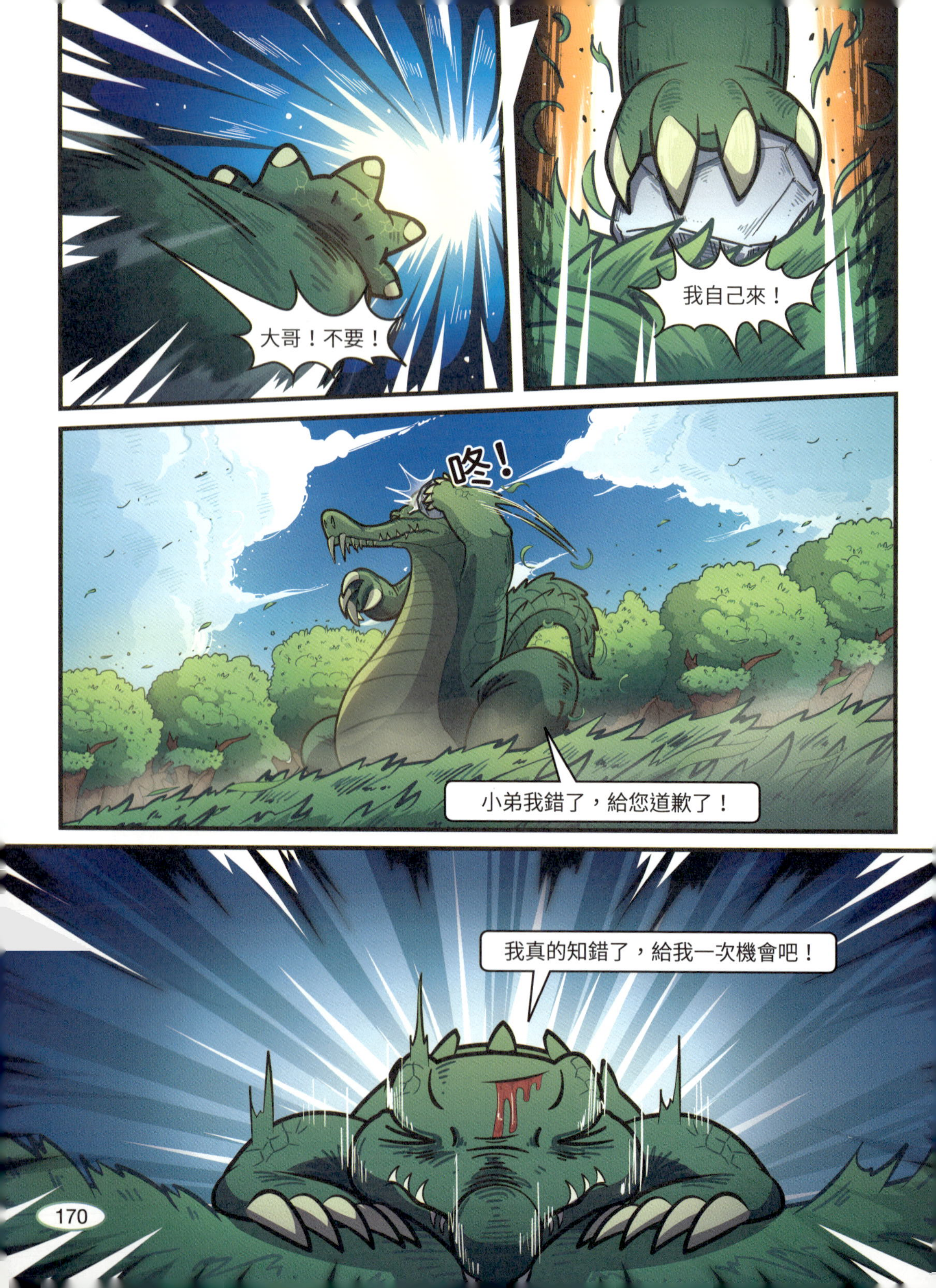
大哥！不要！
我自己來！
咚！
小弟我錯了，給您道歉了！
我真的知錯了，給我一次機會吧！

嗯……

哼！

早知如此，何必當初呢！

唉

事情已經發生了，悔過是解決不了問題的。

不行,一定還有機會,我得努力爭取!

唉!

我真的是太害怕去那個沼澤了……

我想過捕獵……

結果……

我根本就追不上獵物……

唰！

唰！

我想過捕魚……

撲通!

結果差點餵魚(龍)……

你來得正好,我吐了一整晚,正餓著呢。

大哥,我錯了!

鳥類更是不用想了……我實在是太餓了,所以才到這附近覓食。

要知道，我可是肉食動物，不吃點肉太難受了，結果第二頓都還沒吃就被你們抓到了。

米羅，我覺得他情有可原，或許……

那可是好幾隻還沒出生的小埃德蒙頓龍呢！

偷吃我們埃德蒙頓龍一族的蛋還委屈你了？！

情有可原？！

呃……
好吧，當我沒說過話。
哼！
我並不是一定要殺了他，
但是一定要讓他受懲罰。
死罪可免，活罪難逃，不能就
這麼便宜他了！這是底線！！

這樣的話……

那我有一個提議!

米羅,如果他能夠吃素,你是不是能饒了他呢?

嗯?你小子在跟我開玩笑嗎!這怎麼可能?!

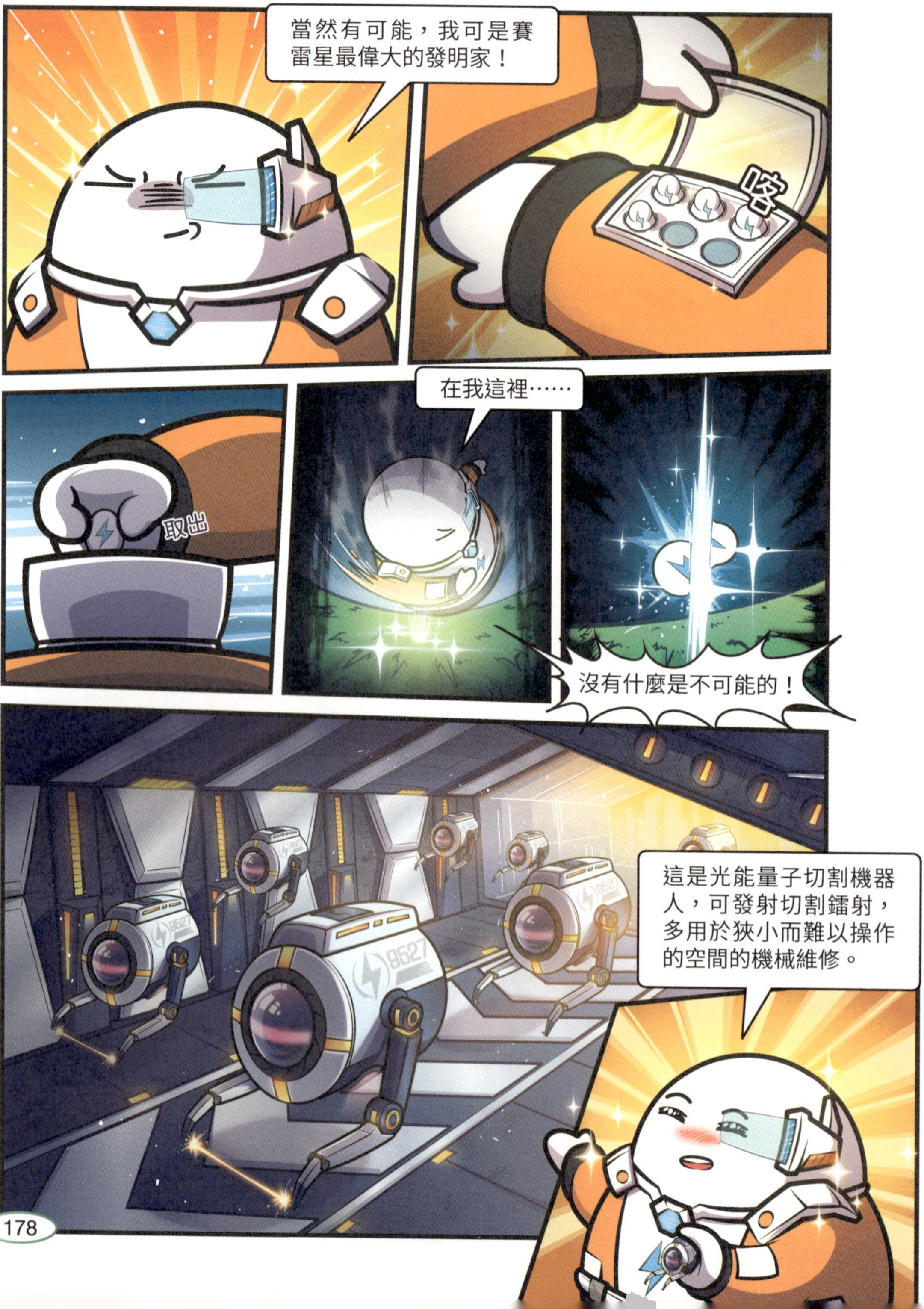
當然有可能，我可是賽雷星最偉大的發明家！
喀
取出
在我這裡……
沒有什麼是不可能的！
這是光能量子切割機器人，可發射切割鐳射，多用於狹小而難以操作的空間的機械維修。

所以磨牙什麼的，當然是小菜一碟！

嗯？突然感覺不妙！

嗯？鱷魚的牙齒⋯⋯是可以再生的吧？

這不是廢話嘛⋯⋯

差點忘了這個好東西了。

找到了！

這……這不是抑制素嗎?你拿這個做什麼?

沒錯,就是這個!

嘿嘿嘿,他的牙不是會再生嗎……

用了抑制素,他的牙就再也無法再生了!

喇!

喇!

喇!

你別過來啊啊啊!

唉,真會給我添麻煩……

來兩個壯龍給我壓住他!

沒問題!

小老弟，準備好了嗎？

等……等等……我還……

我們來了唷！

給我把嘴張開！

嗷嗷嗷嗷!!

喀嚓！

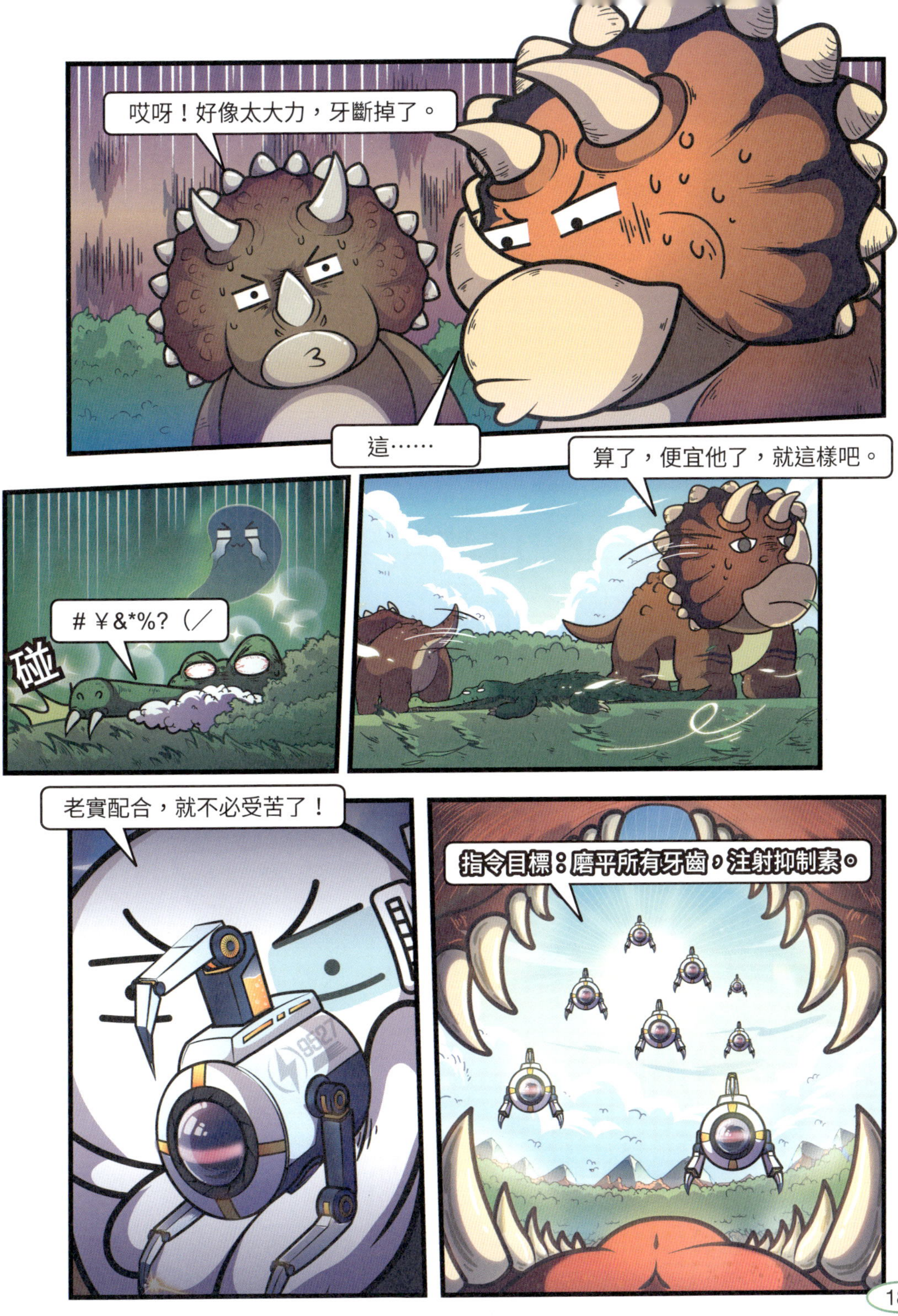
哎呀！好像太大力，牙斷掉了。
這……
#￥&*%?（/
碰
算了，便宜他了，就這樣吧。
老實配合，就不必受苦了！
指令目標：磨平所有牙齒，注射抑制素。

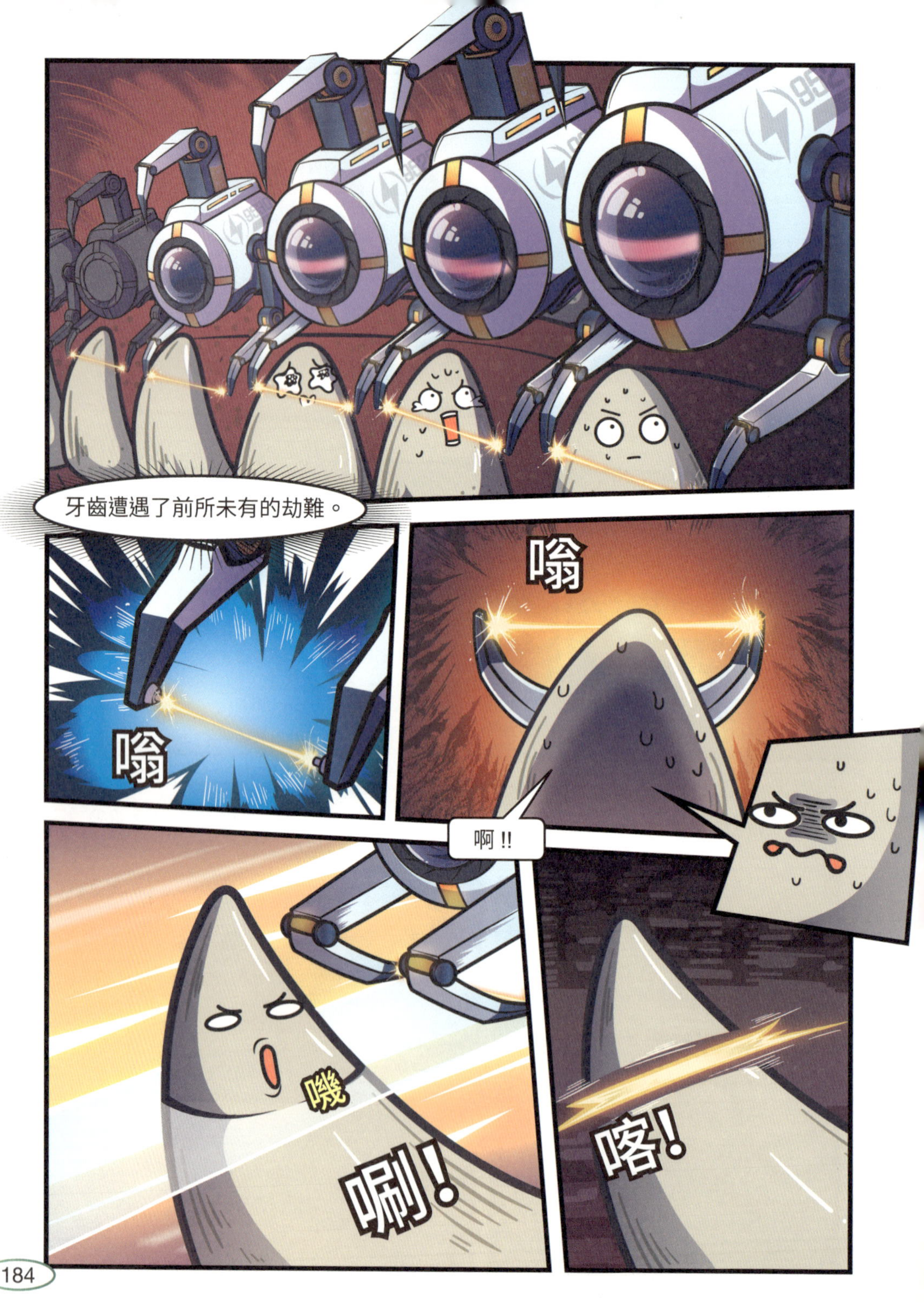

牙齒遭遇了前所未有的劫難。
嗡
嗡
啊!!
嘰
唰!
喀!

哎呀！痛啊！

是牙痛？

唰！唰！唰！唰！

唔！！！

喀 喀

這比牙痛還痛！

第一指令執行完畢。

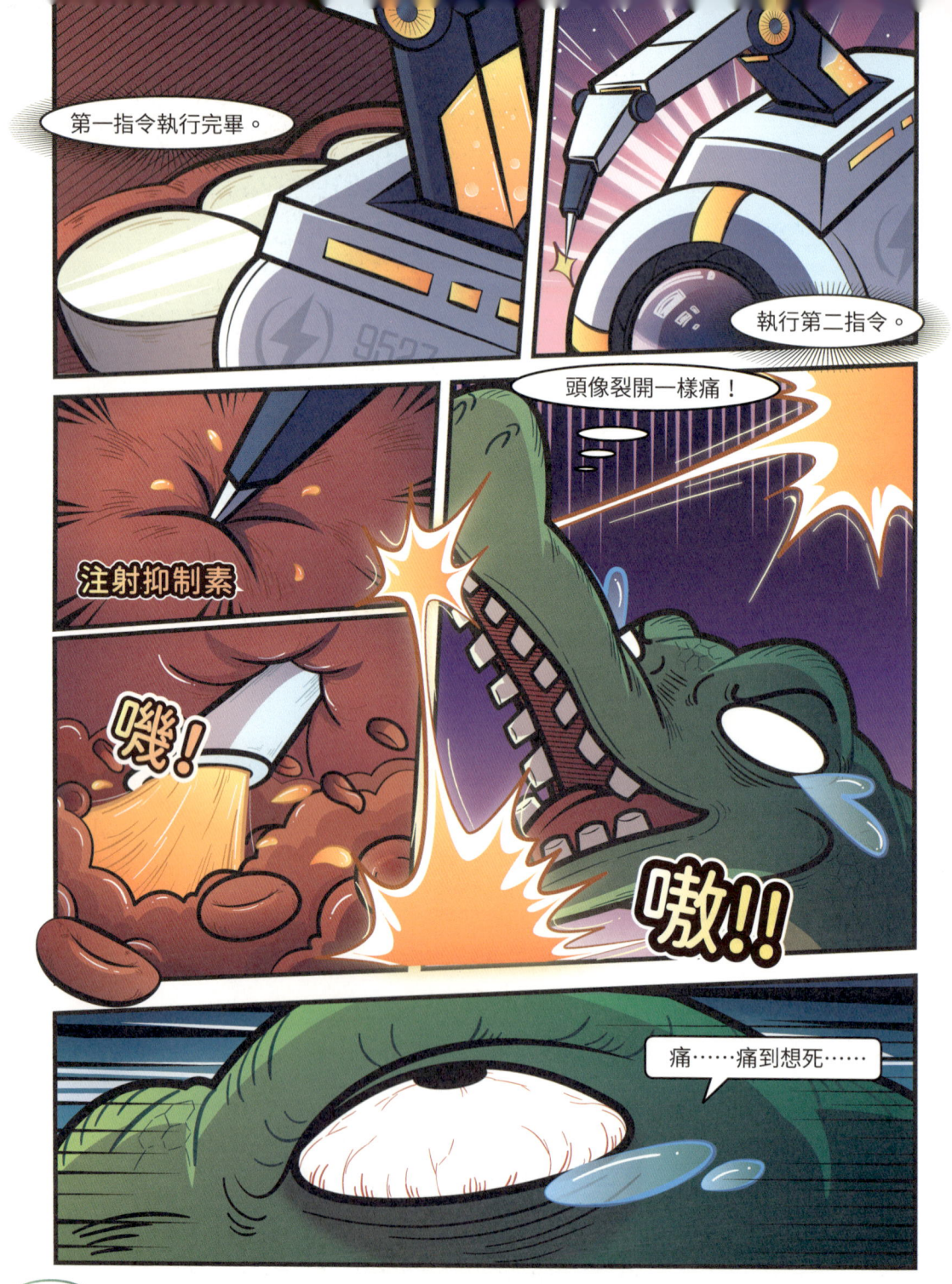

執行第二指令。

頭像裂開一樣痛!

注射抑制素

嘰!

嗷!!

痛……痛到想死……

啊……

好了！

西蒙，你朋友太厲害了！

從此以後，他就只能乖乖吃素了，因為他的牙齒已經不再適合吃肉了。

好吧，既然他受到了應有的懲罰，那我就放過他吧。

這小子下手真重！

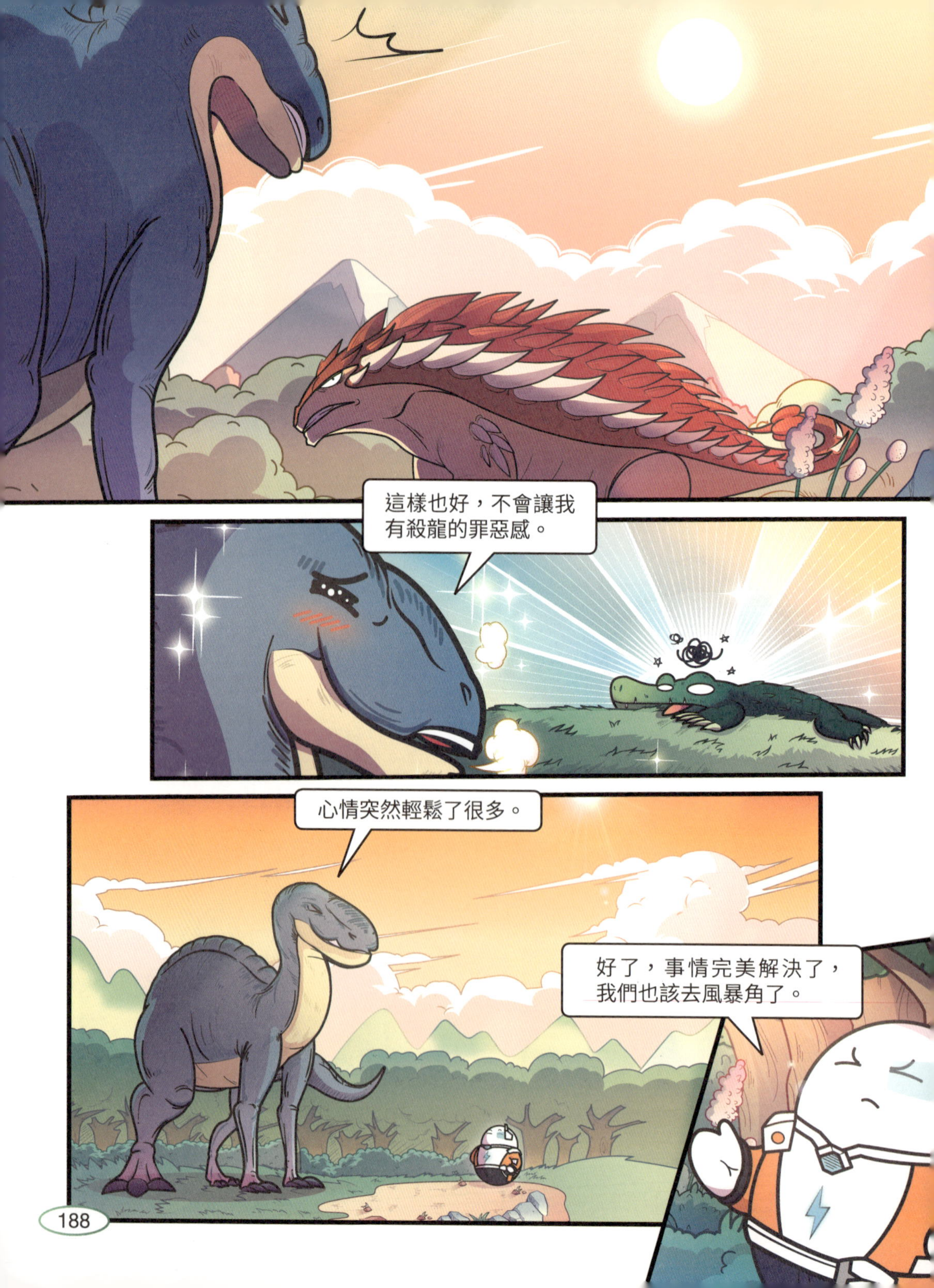
這樣也好，不會讓我
有殺龍的罪惡感。
心情突然輕鬆了很多。
好了，事情完美解決了，
我們也該去風暴角了。

保重啊！我會想你們的！

雷曼，你要是捨不得，就留在這裡吧！

啪！

轟！！

雷丘，對於那個奇怪的沼澤，你很在意嗎？

我有種不太好的預感，希望是我想太多了……

賽雷小講堂
埃德蒙頓龍

埃德蒙頓龍是鴨嘴龍科的恐龍，它的名字是以化石發現地區加拿大艾伯塔省的埃德蒙頓（Edmonton）來命名的。

埃德蒙頓龍體長最長可達 13 公尺，體重約 4 噸，是最大的鴨嘴龍科恐龍。

埃德蒙頓龍的頭部前段平坦、寬廣，口鼻部像鴨子。

在美國丹佛（Denver）自然科學博物館中有一個埃德蒙頓龍標本，其尾巴上有被霸王龍咬過的痕跡。事實上，埃德蒙頓龍很可能是霸王龍的主要食物來源之一。

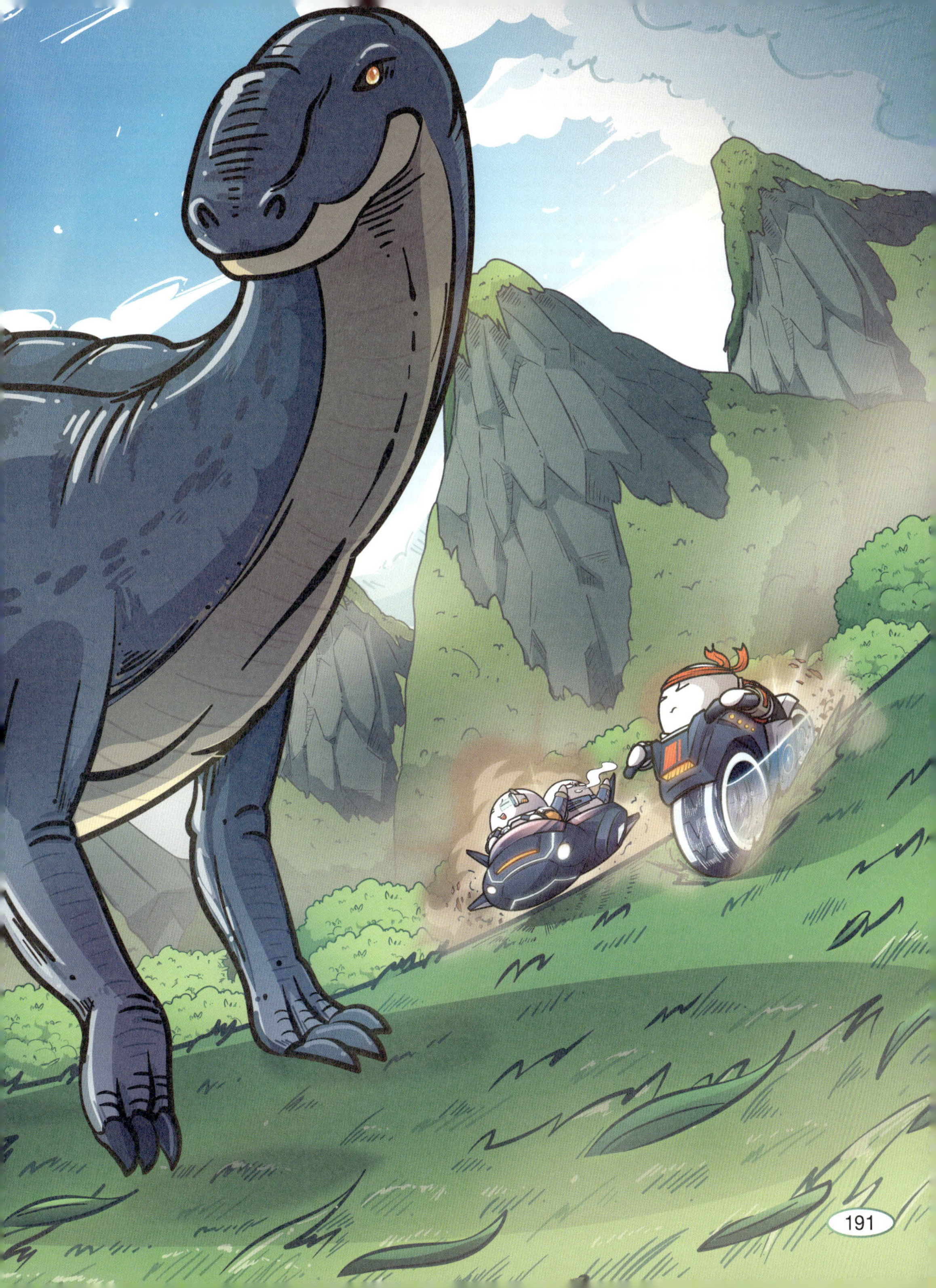

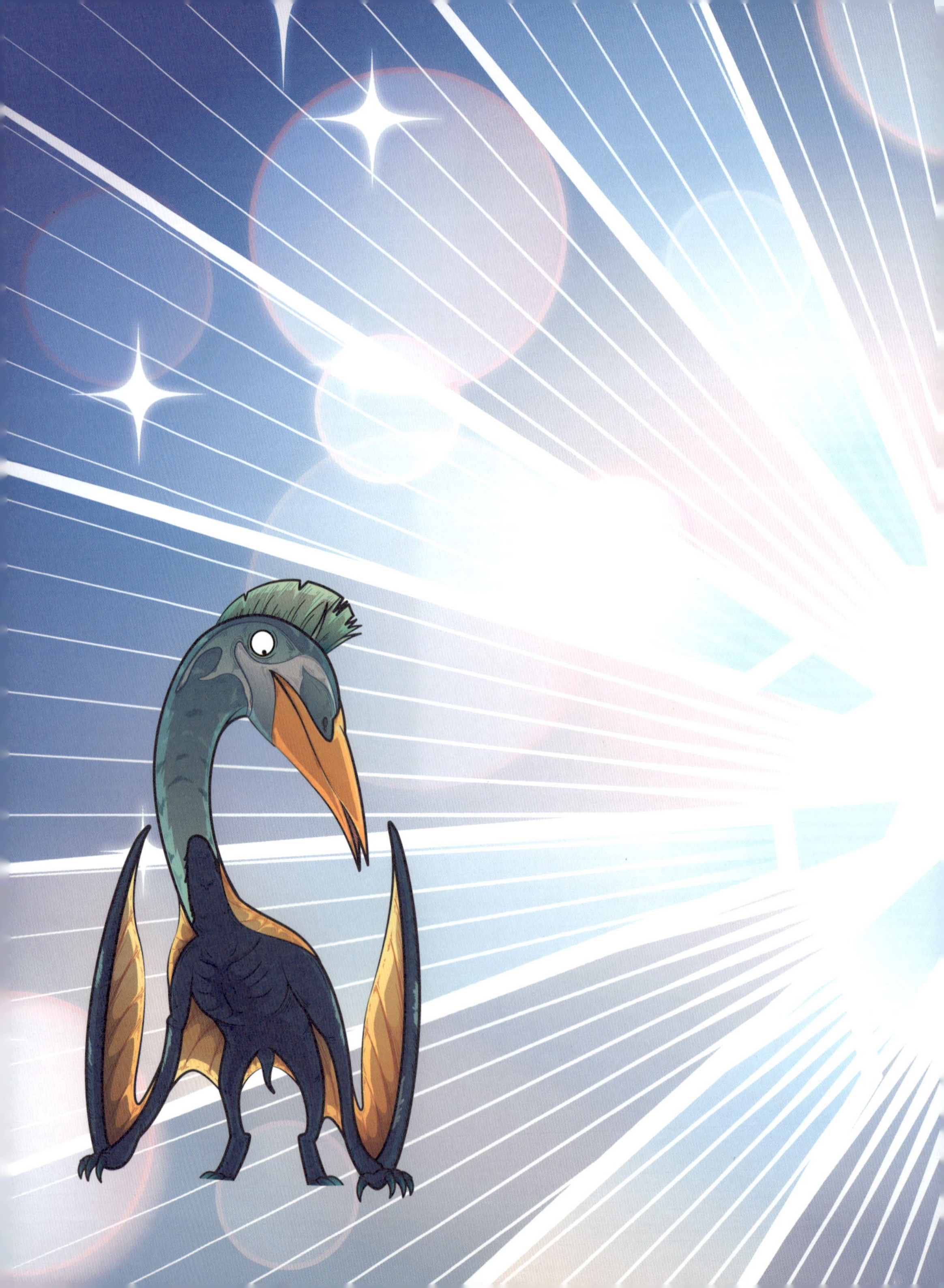

第九章
不速之客

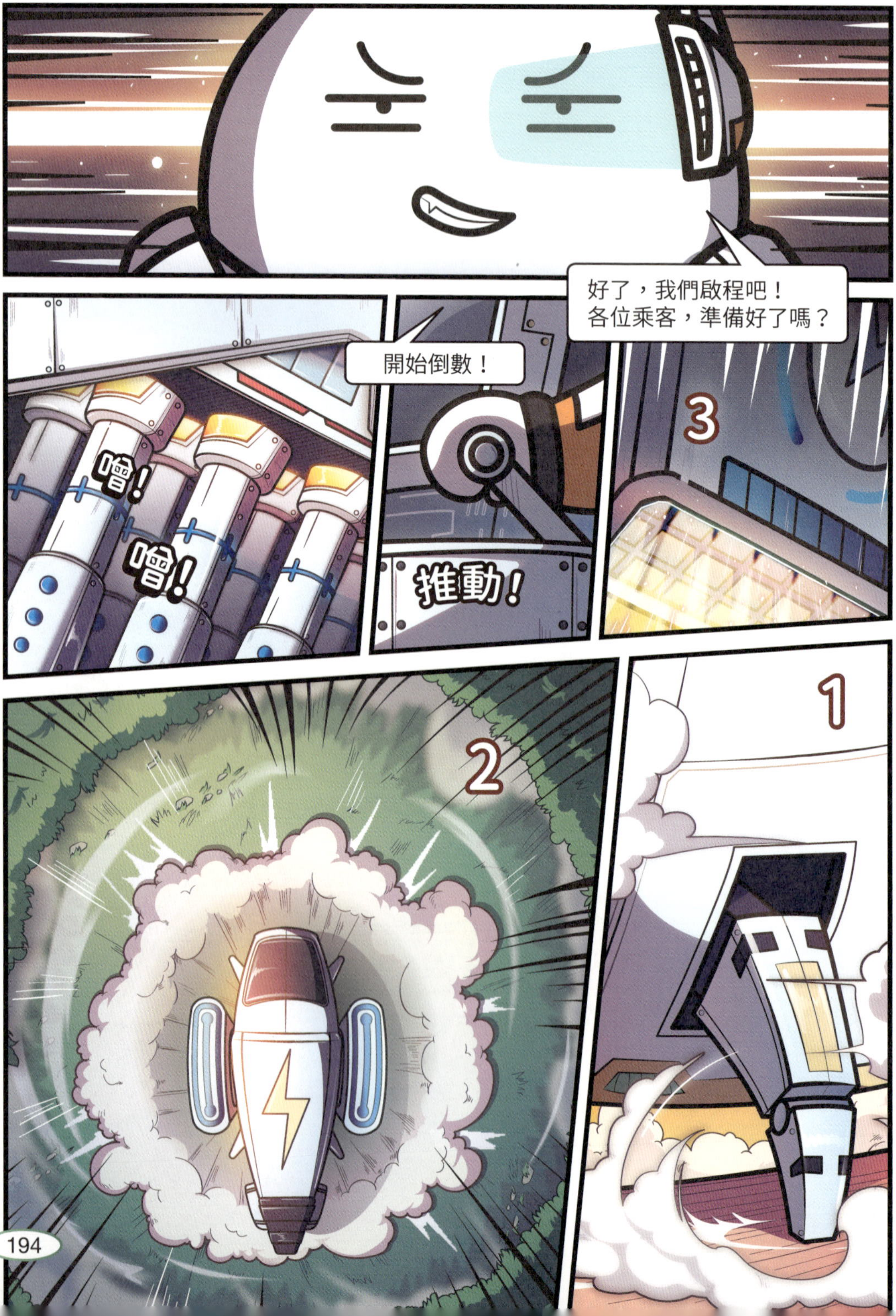
好了，我們啟程吧！
各位乘客，準備好了嗎？
開始倒數！
嚕！
嚕！
推動！
3
2
1

出發！目的地風暴角！

轟!!

幾個小時後……

目前位置：
位於風暴角上空。

就在那裡降落吧！

嘩！　　　　　　　嘩！

雷曼！你在等什麼呢？快把雷歐抬下去！

我也太倒楣了，什麼苦力活全是我做！

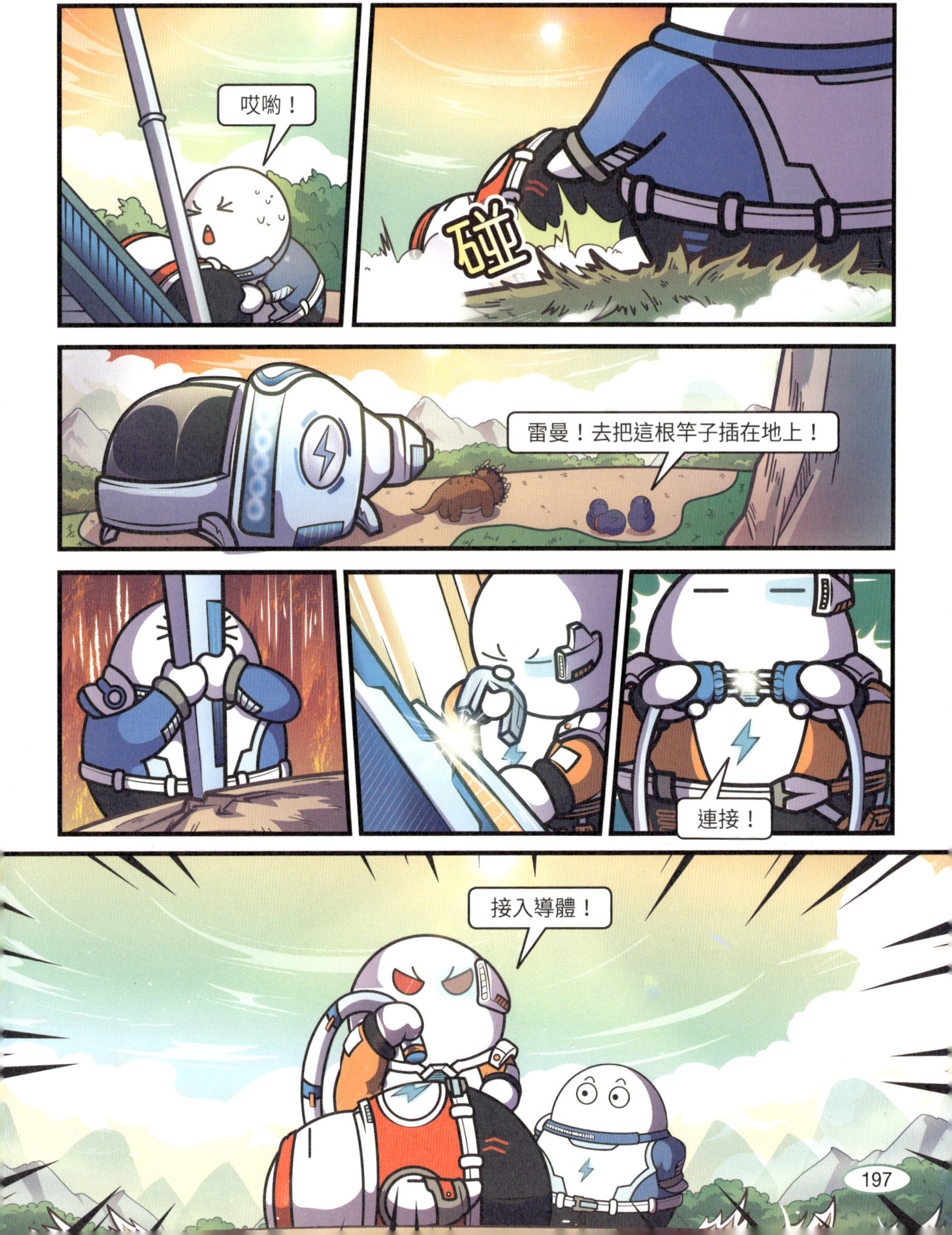
哎喲！
碰
雷曼！去把這根竿子插在地上！
連接！
接入導體！

好了，現在萬事俱備，就等打雷了！

安靜

晴空萬里

可能還需要一點時間，現在太陽還很大。

太陽?

???

就是天上那顆大光球?

對,從太陽升起到太陽落下,一天的白天就過去了,然後就到了晚上,晚上有時候還能看見月亮。

在你們星球不是這樣嗎？

原來你們這裡的一天這麼短，難怪昨天晚上一眨眼就過去了。

一覺醒來，我還以為自己穿越了。

在我們星球，一天的時間更長，不過你別問雷曼，問了也白問，我用儀器算給你看。

啊啊啊！雷丘，就算你要賣弄小聰明，也不用說我壞話吧？！

這是時間測量儀，我用絕對時間值來測量一下……測量的結果是，你們這裡的一天差不多相當於 40 萬個絕對時間值，也就是 40 萬秉。在我們賽雷星，一天的時間是 1000 萬秉。

什麼時間測量儀啊，就是個計算機而已。

計算機的進化版，嘿嘿嘿。

碰！

我開玩笑的!

雷歐可是我兄弟,你們看我這純潔又真摯的眼神!

真厚臉皮,我們還是低估了你啊!

收起你那噁心的表情！

變……變天了……

好啦好啦，我不裝了……

你在看哪裡，我在跟你說話呢！雷曼，別岔開話題！

看來馬上要下雨了。

剛才還晴空萬里，怎麼突然就暗下來了？

呼！！

呼！！

雷曼，你看！雲層裡是不是有個影子？！

好像是上次把我們抓到天上的那個怪物！

他好像又長大了……

不可能啊，那傢伙被你劈得連灰都不剩了。

這肯定不是上次那隻怪物，而且我有不祥的預感……

算算時間，墳上都開花了……

東尼，你奶奶知道這是什麼種類的恐龍嗎？
我奶奶說，遇到危險，要先逃。
雷丘，你也聽到了，不管他是什麼物種，想必不是我們能對付的，先撤退吧。
不……恐怕已經來不及了，他已經飛過來了！
你說什麼？！
這股氣勢！
完蛋了！
嗚！
轟

轟!!

轟!!

啊啊啊!

眼睛……完全睜不開!

輕一點……角要斷了!

啪

外來者，請說明你們的來意！

賽雷小講堂
翼龍

翼龍是第一種能夠飛行的脊椎動物，它們的翼是從前肢第四指和體側之間的皮膚膜中衍生出來的。

無齒翼龍體長約 1.8 公尺，翼展可達 7～9 公尺，因嘴裡沒有牙齒，所以被命名為無齒翼龍。

風神翼龍的翼展可達 10 公尺，重可達 250 公斤，是目前已知最大的飛行動物。

在現有的考古發現中，科學家在一個無齒翼龍化石的胃部發現了魚骨化石，而在另一個無齒翼龍化石的嘴裡發現了魚類食糜化石，這表明它們以魚類為食。

無齒翼龍和風神翼龍的翼的形狀顯示，它們的飛行方式可能類似現代的信天翁，都是借助上升的熱氣流來滑翔。

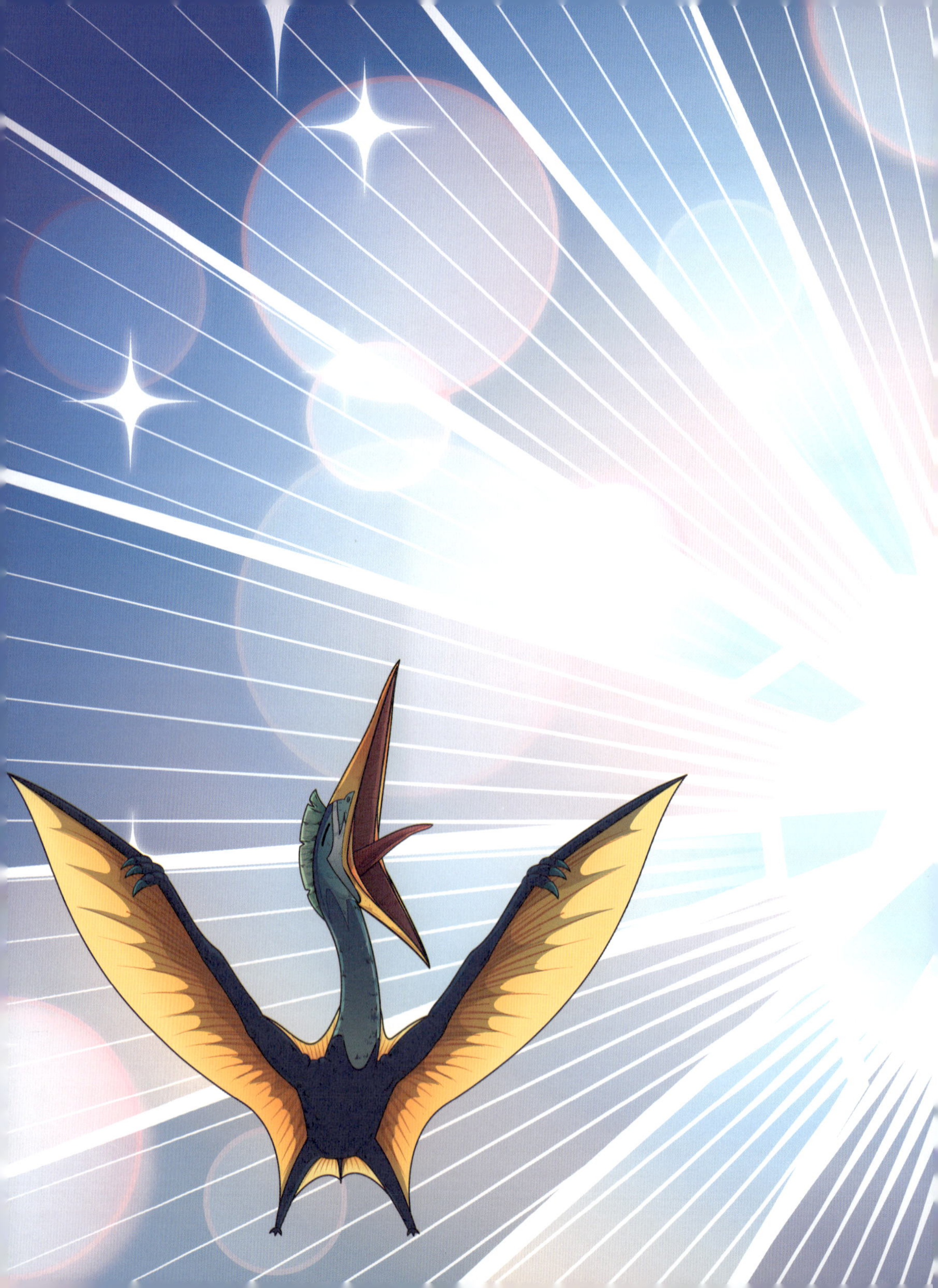

第十章
雷歐滿血復活

這麼大一隻！這運氣……

也太……

好了吧……

剛才在天上看還以為是什麼好吃的，結果是這麼幾個醜東西。

外來者，你們是誰？這裡不是你們該來的地方！

推

哎呀！誰推我？！

交友不慎啊……

加油！你可以的！

噴射

嘩
嘩

我們是來自賽雷星的賽雷人。

我們來這裡是為了尋找能夠拯救我們星球的能源。

要不是你半路殺出來，說不定現在雷歐都醒了。

那你們找到了嗎？

在尋找能源的過程中，我們有一位同伴受傷昏迷了。

所以我們現在迫切需要收集能夠救他的能源。

是什麼能源呢？

是雷電。

原來如此……

這裡馬上就會有大雷雨,很危險。我覺得你們最好還是離開這裡。

我冒昧地問一句,您是哪位?

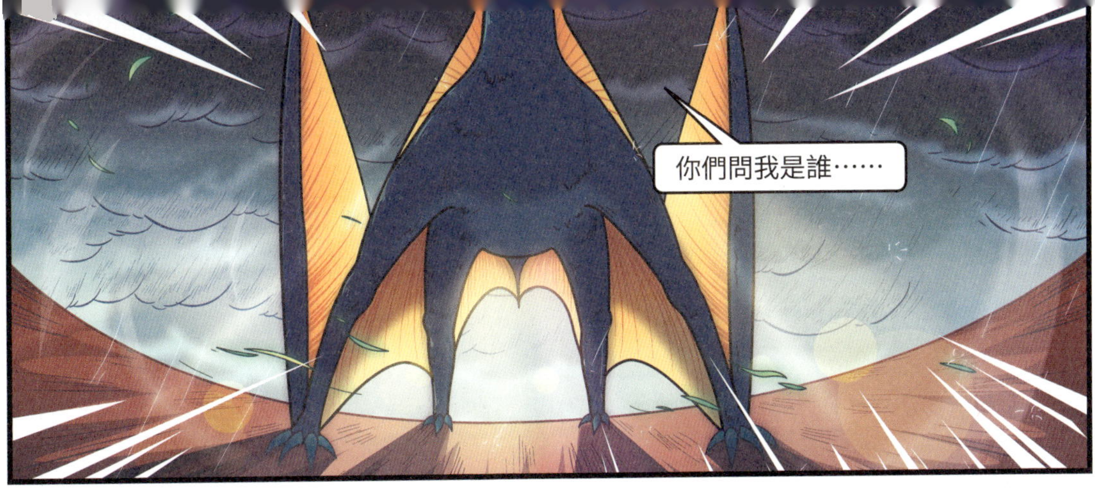
你們問我是誰……

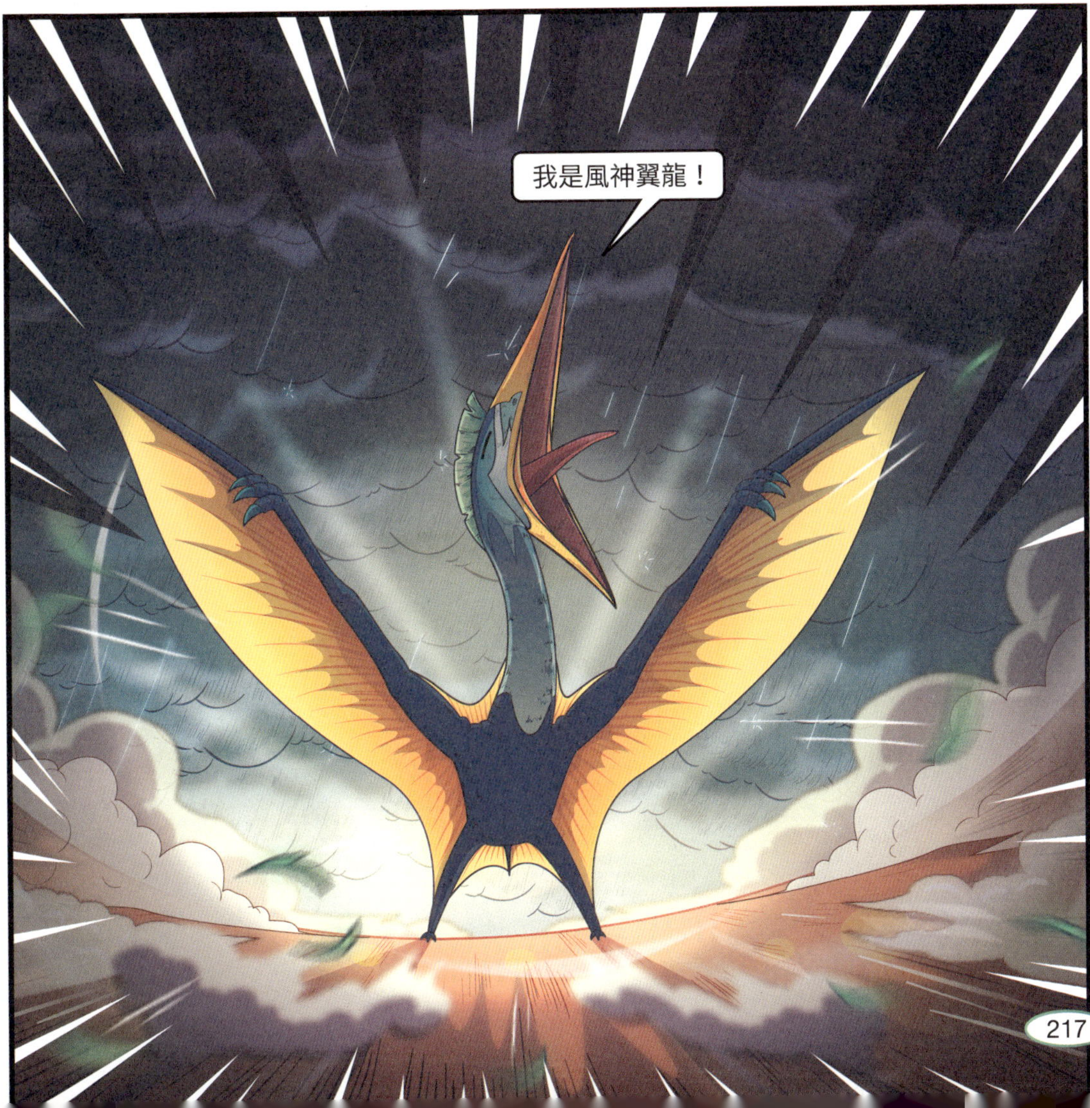
我是風神翼龍！

風神翼龍？

好奇怪的名字……

我剛才說……

你剛才說什麼？

呃……

我剛才說您的名字簡直霸氣十足、舉世無雙啊!

哈哈，你是吃了糖果嗎？嘴真甜，會說話！
自從風神大人您降落的那一刻起，我就對您生出崇拜之情了！
掰不下去了……
快幫我啊，我編不下去了！
西蒙你來，我不擅長圓場。
好！
請問！
您就是傳說中能夠駕馭風的神龍嗎？

是的，三角龍。

我們風神翼龍家族是風神的後裔。

世世代代守衛著風暴角。

既然您是神的後裔,那您能不能救救我們的夥伴呢?

不怕!為了同伴的性命!

可是,你們不怕危險嗎?

還有我們星球的生存,危險算什麼呢!

好吧，不過你們要記住了。

一旦你們收集到足夠的雷電，就請儘快離開這裡。

這裡有你們看不見的危險。

記住我的忠告！

嗖

啊！什麼告？！

這就……走了？

閃爍 閃爍

劈啪

但是這雷電好像離我們有點遠，我來把它引過來！
終於打雷了……
雷曼，別看了，快過來幫忙！
把導體插在雷歐的肚子上！
劈啪！
劈啪！
能量補充完畢

art
A Art 03

恐龍世界大冒險：（1）勇闖白堊紀

作　　　者	賽雷
封 面 設 計	張天薪
內 文 排 版	許貴華
語 文 審 定	張銀盛（臺灣師大國文碩士）
責 任 編 輯	洪尚鈴
行 銷 企 劃	蔡雨庭、黃安汝
出版一部總編輯	紀欣怡

出 版 者	境好出版事業股份有限公司
業 務 發 行	張世明・林踏欣・林坤蓉・王貞玉
國 際 版 權	劉靜茹
印 務 採 購	曾玉霞
會 計 行 政	李韶婉・許俽瑀・張婕莛
法 律 顧 問	第一國際法律事務所　余淑杏律師
電 子 信 箱	acme@acmebook.com.tw
采 實 官 網	www.acmebook.com.tw
采 實 臉 書	www.facebook.com/acmebook01

I　S　B　N	978-626-7357-19-4
定　　　價	450 元
初 版 一 刷	2024 年 10 月
劃 撥 帳 號	50148859
劃 撥 戶 名	采實文化事業股份有限公司
	104 台北市中山區南京東路二段 95 號 9 樓
	電話：(02)2511-9798
	傳真：(02)2571-3298

國家圖書館出版品預行編目資料

恐龍世界大冒險：（1）勇闖白堊紀 / 賽雷作 . -- 初版 . -- 臺北市：境好出版事業有限公司出版：采實文化事業股份有限公司發行，2024.10
232 面；17x21 公分 . -- (art；3)
ISBN 978-626-7357-19-4(平裝)
1.CST: 爬蟲類 2.CST: 漫畫

388.794　　　　　　　　　　　　　　　　　　　　　　　　　　　113013189

本作品中文繁體版通過成都天鳶文化傳播有限公司代理，經中南博集天卷文化傳媒有限公司授予境好出版事業有限公司獨家出版發行，非經書面同意，不得以任何形式，任意重制轉載。

《賽雷三分鐘漫畫：恐龍世界大冒險》更改書名為《恐龍世界大冒險：（1）勇闖白堊紀》，文化部版臺陸字第 113058 號，發行期間自 113 年 9 月 26 日起至 117 年 1 月 31 日止。

境好出版　采實出版集團 ACME PUBLISHING GROUP　版權所有，未經同意不得重製、轉載、翻印